◎历史文化城镇丛书

昆明市域传统风貌村镇调查及保护策略研究

单彦名　梅静　陈云波　等编著

中国建筑工业出版社

编写单位

昆明市规划编制与信息中心

中国建筑设计院有限公司城镇规划院历史文化名镇研究所

编委会名单

李　亮　陈云波　刘小燕　杜白操　冯新刚　单彦名　梅　静　陈　娟
金浩萍　李洪武　刘　莎　马　维　赵　亮　李志新　田家兴　连　旭
袁静琪　高朝暄　于代宗　王　浩　姜青春　王汉威

工作组名单

金浩萍　赵　亮　李志新　田家兴　连　旭

纵观我国历史文化村镇保护事业的发展历程，2002年，在《文物保护法》中明确了历史文化村镇的概念，即“保存文物特别丰富并且有重大历史价值或革命纪念意义的城镇、村庄”。2003年，住房和城乡建设部和国家文物局在关于公布中国历史文化名镇（村）的通知中，首次明确了历史文化名镇（村）的称谓，通知要求“在全国选择一些保存文物特别丰富并且具有重大历史价值或革命纪念意义，能较完整地反映一定历史时期的传统风貌和地方民族特色的村镇，分期分批评定为中国历史文化名镇和中国历史文化名村”。

近年来，随着我国城镇化建设进程的加快，有关传统村落保护与发展的问题日益凸显。2012年4月，住房和城乡建设部、文化部、国家文物局、财政部联合印发了《关于开展传统村落调查的通知》。该通知明确了传统村落的基本概念，即“村落形成较早，拥有较丰富的传统资源，具有一定历史、文化、科学、艺术、社会、经济价值，应予以保护的村落”，并要求从传统建筑、村落选址和格局以及非物质文化遗产活态三个方面进行综合评估，评选认定中国传统村落。

本次昆明市域传统风貌村镇的调查研究，正是基于上述文件精神，制定出适合于本地传统风貌村镇价值评估的指标体系，筛选和分级评价出昆明市域的传统风貌村镇。昆明市是第一批国家级历史文化名城，滇池周边地区是古滇文化的发源地，也是中原王朝为统辖西南边陲最早设立治所的区域，有2000多年的建城历史，形成了发达的城镇体系和驿路交通网络，传统村落分布其间，是这一体系最末端的组成部分，承担了多种不可或缺的历史职能。昆明市域的地形地貌十分丰富，在高山和平坝之间，小气候复杂多变，传统村落为适应地形气候，形成了多样的布局类型和建筑特征。本次调查的目的就是对市域内传统风貌村镇的数量、分布、价值类型及保存情况进行摸底，为今后系统性地保护、利用和发展传统村落做好基础准备工作。同时，也为今后申请各级保护名录建设一个信息库。

在本项目开展前，昆明市域尚没有村镇入选国家级历史文化名镇（村）和传统村落，在本项目调查研究工作的协同下，已有20个村落入选中国传统村落名录（统计截止于2014年）。

Contents
目 录

Chapter 1
第 1 章

背景、目的及框架

◀晋宁县夕阳彝族乡鲁企祖村全景

1.1 研究背景

近年来，随着乡村建设的日益发展和建筑历史文化遗产保护工作的不断深入，以及各地富有地域文化或民族特色村镇旅游产业的兴起，传统风貌村镇的价值逐渐为世人所认知，而其保护和发展所面临的问题也愈加紧迫和严峻。因此，各级政府、相关学术组织和社会团体已经将传统风貌村镇的调查和保护工作视为一项重要的社会责任。

云南省是我国少数民族最多的省份之一，传统风貌村镇的类型丰富多样，具有较高的保护和利用价值。昆明市是云南省省会所在地，有着悠久的建设发展历史，其市域范围内地形地貌复杂多变，且不同民族在平原坝区或山川谷地中繁衍生息，创造了众多具有鲜明地域特征和不同民族文化特征的传统村镇。有些村镇的传统风貌至今保存良好，这些都是昆明市珍贵的历史和民族文化资源，也是我国传统聚落遗产的重要组成部分。

此外，随着全国建筑历史文化领域保护调查工作的开展，相关的法规和评价认定体系逐渐完善；云南省的很多专家学者，立足于本省历史文化名城（镇村街）和传统民居建筑等内容，也完成了大量的基础研究工作，形成了丰硕的学术成果。这些法规、评估体系及相关研究成果，均为本次研究工作提供了可靠的依据和有益的参考。主要参考文献如下所列：

（1）《历史文化名城名镇名村保护条例》于2008年4月2日经国务院第3次常务会议通过，自2008年7月1日起施行。

（2）《中国历史文化名镇名村评价指标体系》从价值特色和保护措施两方面构建，为公布中国历史文化名镇（名村）提供了技术和方法依据。

（3）《传统村落评价认定指标体系(试行)》自2012年8月22日，经住房和城乡建设部、文化部、国家文物局和财政部联合发文，通知生效，为评价认定全国传统村落名录提供了技术依据。

（4）《云南历史文化名城（镇村街）保护体系规划研究》为刘学、黄明编著。通过广泛的实地调查和史料查阅，梳理云南聚落发展的历史，对云南现有历史文化名城（镇村街）保护存在的问题进行评价，并构建了较为完整的云南历史聚落遗产保护的框架体系。

（5）《云南民居》为杨大禹、朱良文编著。从云南民居生存环境的独特性、发展演变的根源性、建筑形式的地域性、材料使用的本土性、建造技术的适应性、建筑文化的多元性等层面对于云南民居作了系统的研究。

1.2 研究目的

本次调查全面覆盖昆明市域的14个区县，目的是摸清传统风貌村镇的数量和分布情况，梳理其聚落及建筑的类型，总结其保存现状和问题，建立传统风貌村镇档案，评估各村镇的价值特色及类型，建立列级分类的保护管理体系，提出相应的保护策略和发展建议，为昆明市传统风貌村镇有计划的保护和可持续发展奠定基础。

据此，本次课题研究的工作的主要成果为：

（1）昆明市传统风貌村镇调查及保护策略研究总报告；

（2）各县、区代表性村镇调查分报告；

（3）各调查村镇基础档案表；

（4）适合于昆明市传统风貌村镇的评价指标及评级认定标准；

（5）有关调查村镇聚落类型、建筑类型，以及价值遗存类型的分析；

（6）适合于昆明市传统风貌村镇的保护管理策略和发展方式建议。

1.3 整体框架

◆ 表1-1

基础工作（昆明市概况梳理） 自然地理概况、行政区划概况、历史文化概况、民族概况		
第一部分 （基础调查总结）	第二部分 （价值评估分析）	第三部分 （保护发展策略）
调查前期研究 调查对象及内容 调查总结分析	评价指标体系 列级认定名录 价值类型分析	现状问题总结 保护管理策略 保护发展建议

Chapter 2

第2章

昆明市域概况

◀禄劝彝族苗族自治县翠华镇者广村全景

2.1

自然地理概况

2.1.1　地形地貌特征

昆明市地处云贵高原中部，地势波状起伏，因地质断陷所构成的山间盆地被称为“坝子”。这些“坝子”或连片分布，或孤立镶嵌于高山叠嶂之间，地势平缓，气候温和，雨量适宜，河流蜿蜒，是各民族生存聚居的地点。市域范围内有三台山、拱王山、梁王山三大山脉及其众多山体山峰，山系主要有两条，一条是川西鲁南山脉越过金沙江南下的拱王山系，分布于禄劝、富民、西山安宁等地；另一条是与滇东北乌蒙山脉连接的梁王山系，分布于嵩明、官渡呈贡等地。域内的主要河流、湖泊属于金沙江（长江）水系的有滇池、盘龙江、螳螂川、普渡河等；属于南盘江（珠江）水系的有阳宗海、巴江等；属于元江（红河）水系的有摆依河。昆明市属低纬高原山地季风气候，大部分地区为北亚热带，低热河谷为中亚热带，山地为南温带。

全市土地总面积为21582平方公里，山地和丘陵占总面积的88%，适宜开发建设的平坝区用地面积共3878.26平方公里，仅占总面积的22%。1平方公里以上的坝子有179个，面积较大的有昆明、嵩明、宜良和路南四个坝区。

2.1.2　气候特征

昆明市域北部有三台山、拱王山、梁王山三大山系，在东川和禄劝形成了低纬度高原地形，虽然两区县的主体气候属于亚热带季风气候，但因地形高差悬殊，在局部地区形成了显著的温带气候特征，即温差较大，干湿分明。

在市域中南部，有昆明、嵩明两大坝区，分布着城区以及周边的嵩明、安宁、晋宁、宜良、石林等县市，整体海拔高度在1950米左右。因有北部群山对寒流的阻隔，区域主要受海洋季风暖湿气流影响，又有滇池、阳宗海等大水面调节气候，全年日照充足，年平均气温15℃左右，年均降水约1000毫米，形成夏无酷暑、冬无严寒、四季如春的宜人气候。

2.1.3　主要风景区及特色景观资源

由于昆明市域内地形变化丰富，由自然地貌形成的自然景观旅游资源数量大、等级高，是拉动各区县第三产业发展的主要因素。其中，北边山区的禄劝县有著名的“轿子雪山”风景区；东川区有独特的农业生产景观“红土地”；在市域南部的平坝区周边也分布着滇池、石林，以及宜良九乡等国家级风景名胜区。

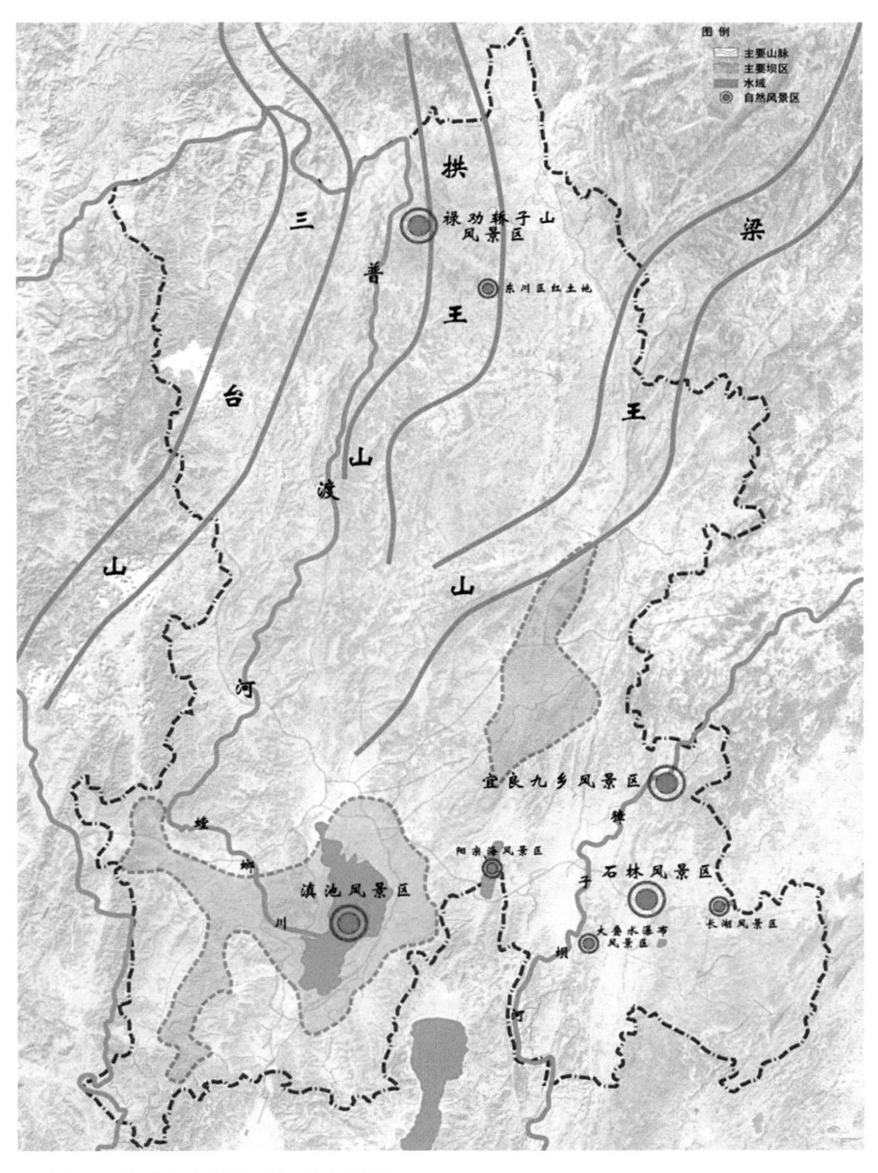

▲ 图2-1　昆明市自然地理概况分析图

2.2 行政区划概况

2.2.1 区划概况

昆明市市政府驻呈贡区锦绣大街，下辖6个市辖区、4个县、3个自治县、1个县级市，即五华区、盘龙区、官渡区、西山区、呈贡区、东川区、晋宁县、富民县、宜良县、嵩明县、石林彝族自治县、禄劝彝族苗族自治县、寻甸回族彝族自治县、安宁市。

2.2.2 各区县人口、经济、产业概况

昆明市位于云南省中部，是云南省省会，首批国家级历史文化名城。同时也是云南省唯一的特大城市和西部第四大城市，是云南省政治、经济、文化、科技、交通的中心枢纽，是西部地区重要的中心旅游、商贸城市，国家一级口岸城市。

2011年末全市常住人口648.64万人，城镇人口比重为66.0%。2011年实现地区生产总值(GDP)2509.58亿元，三次产业结构为5.3：46.3：48.4。人均生产总值达到38831元。城镇居民人均可支配收入21966元，农村居民人均纯收入6985元。

◆ **昆明市各区县近年基本情况统计表　表2-1**

地区名称	土地面积（平方公里）	户籍人口（万人）	经济产业（万元）			
			生产总值	一产	二产	三产
五华区	381.60	65.06	6081746	16897	3404530	2660319
盘龙区	343.71	51.54	3018545	41404	876511	2100630
官渡区	632.92	55.18	5492318	78664	2144271	3269383
西山区	881.32	50.79	2880562	28926	857806	1993830
呈贡区	510.22	19.44	847687	60462	426383	360842
东川区	1865.70	31.48	560737	37352	380106	143279
晋宁县	1336.66	27.94	673581	136011	356203	181367
富民县	993.76	14.94	340326	68393	167256	104677
宜良县	1912.77	45.19	1072485	303725	298542	470218
嵩明县	1349.68	29.70	518889	91599	277955	149335
石林彝族自治县	1680.09	24.44	446455	119493	139789	187173
禄劝彝族苗族自治县	4233.91	47.64	386853	125943	106289	154621
寻甸回族彝族自治县	3588.38	54.20	456132	134828	136507	184797
安宁市	1301.81	26.50	1677710	88478	992527	596705

注：以上数据来源于《昆明市统计年鉴2012》

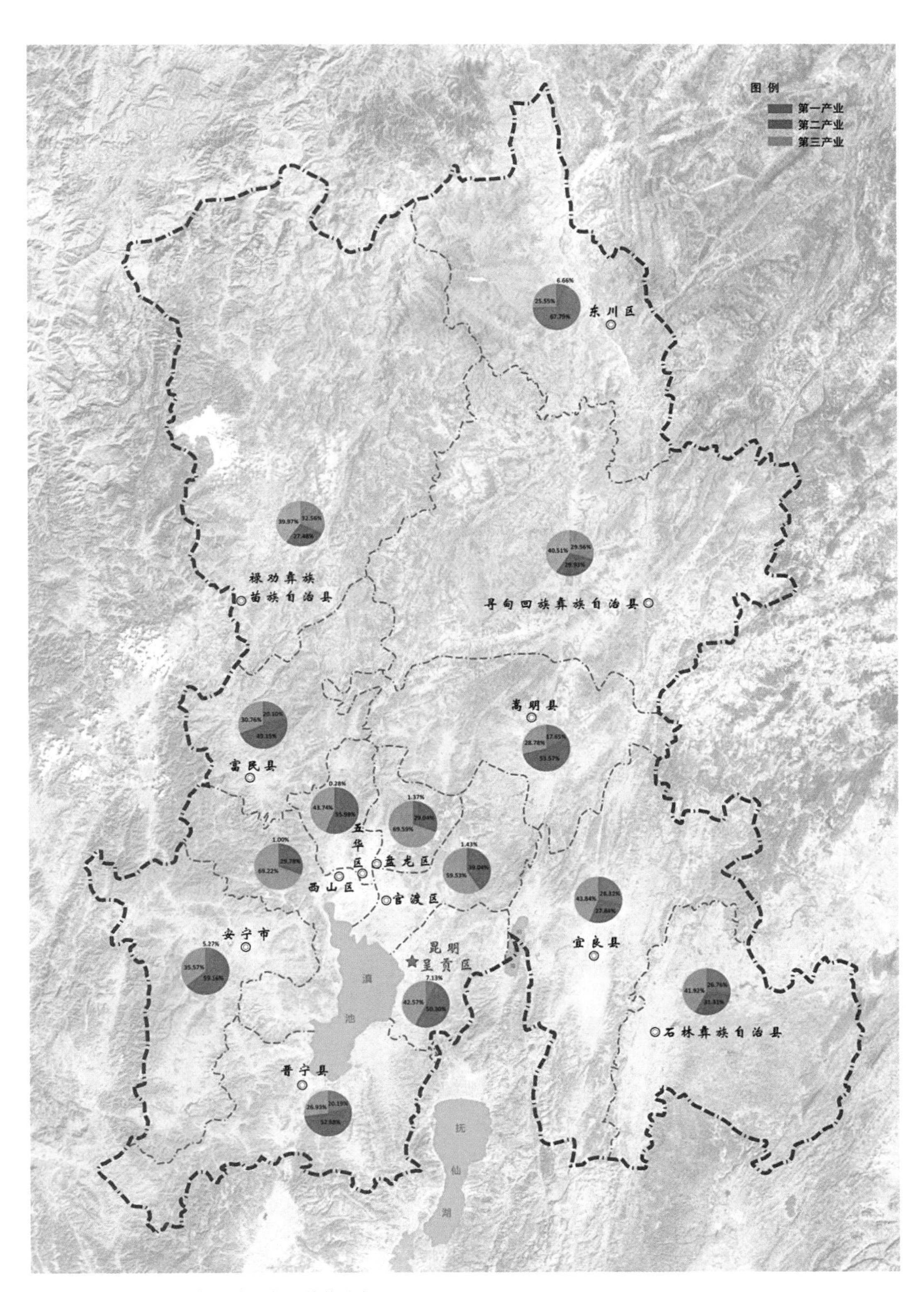

▲ 图2-2　昆明市行政区划及产业结构分析图

2.3 历史文化概况

2.3.1 昆明市区及各区县历史沿革

1. 昆明市区历史沿革

（1）昆明古代城市的雏形

西汉元封二年（公元前109年），汉武帝征战巴蜀地区，滇王归降，汉王朝以滇池地区为中心设置了益州郡，郡治与滇王驻地同在今晋城附近，至公元225年，蜀汉诸葛亮平定南中后，改益州郡为建宁郡。

（2）昆明古代城市的成形

746～747年，蒙氏皮罗阁进兵安宁，攻灭爨氏，于昆川（今昆明城区一带）建拓东城，成为南诏国往来广西、贵州和安南（今越南）的重要通道，为古代昆明的城市发展奠定了基础。元世祖至元十三年（1276年），赛典赤治滇，设昆明县，为中庆路治地（今昆明），并把行政中心由大理迁到“昆明”，“昆明”也正式成为全省政治、经济、文化的中心。明洪武十四年（1381年），明朝进军云南后，将中庆路改为云南府，云南省治、府治和昆明县治同设于城内。明洪武十五年，修筑了昆明城池；清朝时建置沿袭明制，昆明仍为云南府和昆明县治所，城市规模没有超出明代的范围。

（3）昆明近现代城市发展

清光绪三十年（1905年），清朝把昆明辟为商埠，后滇越铁路修通昆明，昆明正式成为云南省的商业、贸易中心和交通枢纽。1940年滇缅铁路建成，昆明成为当时与抗日盟国保持国际联系的唯一通道，是西南大后方重要的交通枢纽。1949年12月9日，云南和平解放。1950年3月，中国人民解放军进入昆明，成立“军管会”，后延续云南省制，省会仍是昆明。

2. 各区县历史沿革

（1）东川区历史沿革

宋（大理）置东川大都督，明初设东川府，属云南布政使，后改隶四川管辖。清雍正四年（1726年）改属云南。1953年改东川矿区，1998年12月6日，国务院批准撤销地级东川市，设立昆明市东川区。

（2）禄劝县历史沿革

西晋、南北朝属晋宁郡。隋属昆州。唐为求州地。宋（大理）时为罗婺部。元置禄劝州，辖易笼、石旧二县，属武定路。明置禄劝县。1985年6月11日，经国务院批准，设立禄劝彝族苗族自治县，同年11月25日自治县正式成立，仍隶昆明市。

（3）寻甸县历史沿革

战国时属滇国。西汉武帝元封二年（公元前109年），称牧靡，属益州郡。明洪武十五年（1382年）设寻甸军民府。明成化十二年（1476年）“改土归流”。清康熙八年(1669年)改寻甸州，属曲靖府。新中国成立后，属曲靖专区管辖。1956年设寻甸回族自治县。1998年12月6日，国务院批准将曲靖市管辖的寻甸回族彝族自治县划归昆明市管辖。

（4）嵩明县历史沿革

嵩明又名崧盟，因古代各部族曾会盟于此而得名。汉为牧靡县，属益州郡。三国蜀汉属建宁郡。南朝设牧麻县。唐为郎州。宋（大理）初设长城堡，属善阐节度，后改嵩盟部。元置嵩明州，属中庆路。明、清属云南府。1913年设嵩明县，1950年属曲靖专区，1959年并入寻甸县，1961年复置嵩明县，1983年划归昆明市。

（5）安宁市历史沿革

明洪武十五年（1382年）正月置安宁州，领禄丰、罗次两县。明洪武二十四年（1392年）置安宁守御千户所。清康熙五年（1666年），裁安宁守卫千户所。清雍正五年（1727年），裁昆阳州三泊县归安宁州，属云南府。民国2年（1913年），改安宁州为安宁县。1939年4月为直辖区，属滇中道。1940年复称安宁县。

（6）晋宁县历史沿革

明清时晋宁于明初领呈贡、归化二县。清康熙七年（1668年）裁归化附呈贡。清前期为路，后期为区。1950年1月27日，成立晋宁县人民政府。昆阳、晋宁二县同属滇中区，后改玉溪专区。1958年2月，昆阳、晋宁二县合并，县名为晋宁，县城设在昆阳。

（7）石林县历史沿革

汉武帝元鼎六年（公元前111年），汉武帝刘彻在路南设立谈稿县，三国蜀汉属建宁郡。元至元十三年（1276年），元政府设立云南行省调整政区之机，将落蒙万户府削弱为州，并命名为路南州。元至元二十四年（1287年），并弥沙入邑市县，路南州领邑市县。民国2年（1913年）废州设县置路南县，先隶滇中道，后废道隶于省，民国37年（1948年）隶于第三行政督察专员公署。1950年属宜良专区，1954年属曲靖专区。1983年划归昆明市。1998年10月8日，国务院批准，将路南彝族自治县更名为石林彝族自治县。

（8）宜良县历史沿革

西汉元封二年（公元前109年）设昆泽县，属益州郡，蜀汉时期属建宁郡，西晋属晋宁郡，隋属昆州，唐初设新丰县，隶郎州，南诏时期西爨西迁后，乌蛮罗裒部筑城居住，称罗裒龙，属拓东节度辖。民国时期1913年废府，改属滇中道。1916年废道，直属省辖。1950年设宜良专区，县为专署驻地。1954年撤宜良专区，县改属曲靖专区所辖。1983年10月划入昆明市。

2.3.2　昆明市区及各区县主要文化遗迹

截止于2014年，昆明市域现有各级文物保护单位575项，其中全国重点文物保护单位19项，主要分布于昆明市区、安宁市、晋宁县、寻甸回族彝族自治县、禄劝彝族苗族自治县。非物质文化遗产类型丰富、数量众多，包括7项国家级、33项省级、238项市级、190项县级，共计508项非物质文化遗产。

2.3.3　古代驿道及驿站分布图

2.4 少数民族概况

2.4.1　昆明市各少数民族概况

昆明市有3个自治县，4个民族乡，47个少数民族村委会，2196个民族杂居村。截止至2012年12月底，少数民族户籍人口833343人，较2011年增加4789人，占全市户籍总人口的15.33%。有52种民族成分，9个世居少数民族（彝族、回族、白族、苗族、傈僳族、壮族、傣族、哈尼族、布依族）。人口最多的世居少数民族是彝族，有44万人，其次是苗族和回族。人口最少的世居少数民族是布依族，有4371人。

少数民族地区占全市国土面积的57%，全市少数民族呈现分布广、大分散、小聚居的特点。少数民族主要居住在农村，以种植及养殖业为主，随着城市化进程的加快，少数民族同胞经营意识进一步增强，进城务工的少数民族凸显日渐增多的趋势。据不完全统计，2012年到昆明务工的少数民族群众近26万人，主要从事服务业；回

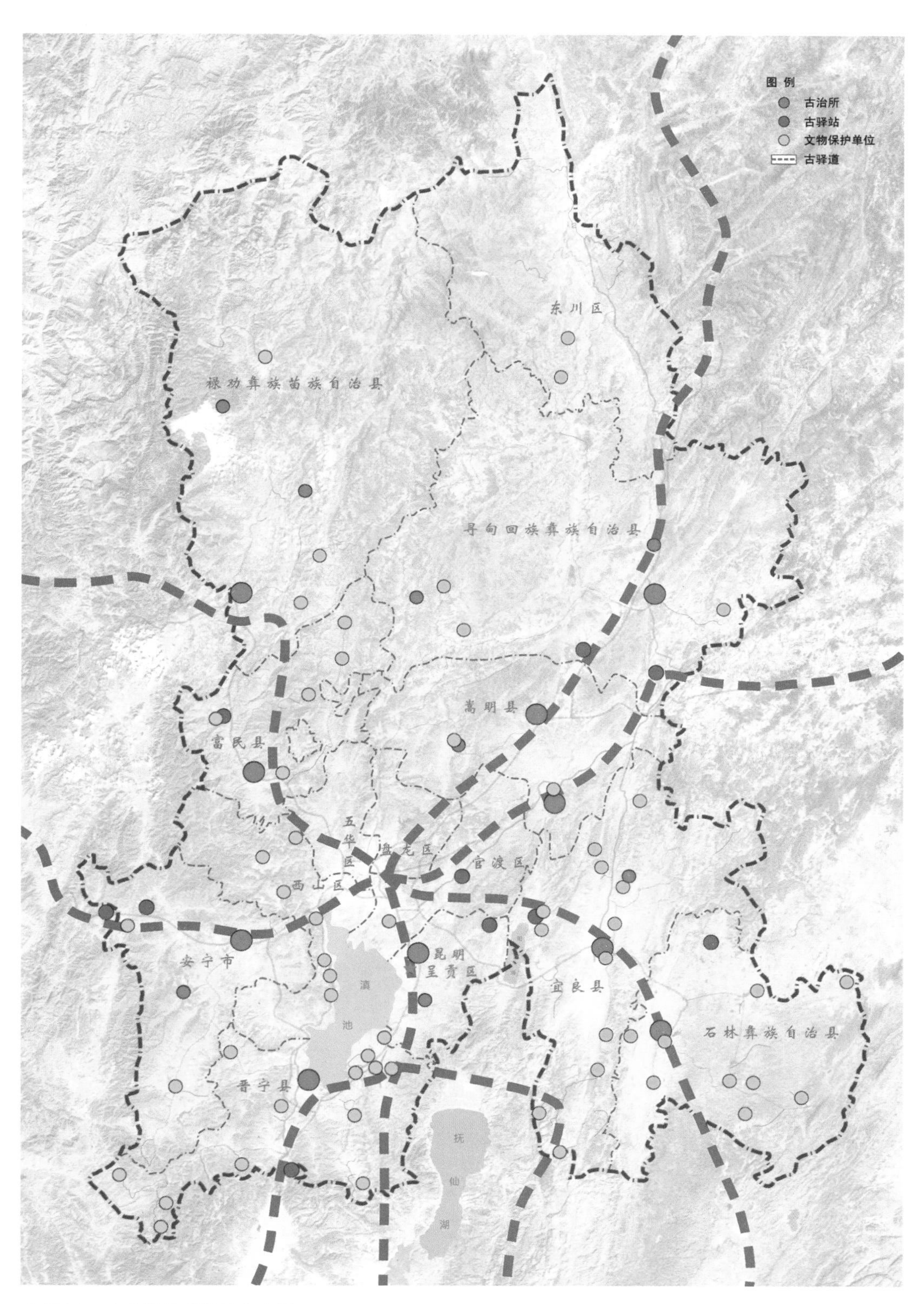

▲ 图2-3　古代驿道及驿站分布图

族群众主要经营干菜批发、牛羊屠宰、销售等。

2.4.2 昆明市域少数民族地域分布及文化特征

昆明市域少数民族人口最多的是彝族。从分布位置上看，彝族主要位于禄劝彝族苗族自治县、寻甸回族彝族自治县西部、石林彝族自治县东南部及东川区、晋宁县和西山区的部分地区，分布面积较广，数量较大。

秦汉时期，昆明彝族最早分布在滇池西岸，到元代以后，大量汉人涌入昆明，平原地区彝族逐渐融入汉族，彝族逐渐向山区退居。元代昆明地区彝族主要分为四支：罗婺分布于武定、禄劝一带；撒摩都主要分布于滇池盆地之中；葛倮罗明清时期主要以富民、禄劝和路南等地分布为主；阿细主要分布于路南县。彝族支系繁多，多数自称“诺苏”、“纳苏”、“聂苏”等，新中国成立后，正式定名为彝族。彝族有自己的语言文字，方言有6种，同时有自己的历法，彝族音乐富有特色，舞蹈多与歌唱相伴，传统工艺美术有漆绘、刺绣、银饰、雕刻、绘画等，颇富民族特色。

昆明市域内的苗族主要是清朝咸丰年间由黔西北地区迁徙而来，目前主要分布在禄劝彝族苗族自治县及富民县西部边界地区和嵩明县中部的大部分地区，是昆明市域少数民族人口第二多的民族。每年苗族同胞定期会身着盛装，载歌载舞举办苗族山花节。

回族主要在元初跟随蒙古军进入昆明，目前在昆明市域内分布比较广，北部山区主要于东川区的东部，坝区主要分布在寻甸彝族回族自治县内及滇池沿岸的交通线路之上。目前昆明市域内有较多清真寺，五华区的南城清真寺、顺城街清真寺，西山区的永宁清真寺、马街清真寺，盘龙区的茨坝清真寺、金牛清真寺等在当地都比较有名。

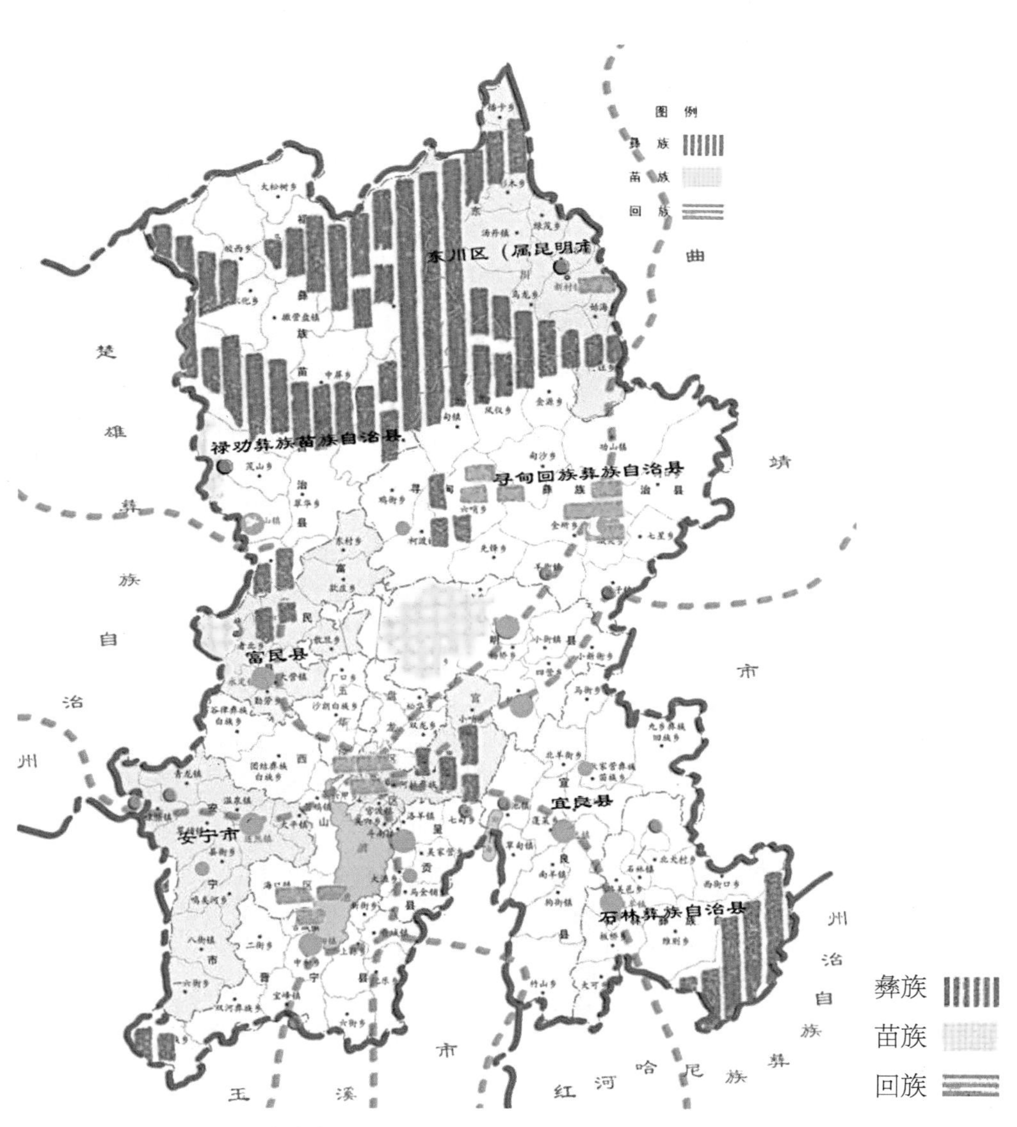

▲ 图2-4　昆明市域彝族、苗族、回族分布示意图

Chapter 3

第3章

调查工作概述

◀晋宁县夕阳彝族乡鲁企祖村

3.1

调查前期研究

3.1.1 调查工作的总体思路

昆明市下辖14个区县，共有50个乡镇、1072个行政村、6000多个自然村。本次调查不是覆盖全部村镇的“地毯式”普查，而是进行前期研究筛选出重点村镇进行调查。

前期研究工作主要包括：

（1）提出对调查村镇的基本要求；

（2）设计选定调查村镇的流程；

（3）分析影响重点村镇空间分布的主要因素；

（4）提出预备调查村镇名单。

3.1.2 调查选点的基本要求

按照国家《历史文化名城名镇名村保护条例》、《云南省历史文化名城名镇名村名街保护条例》的要求，本次调查对象应符合以下基本要求：

1. 具有一定社会历史文化价值

历史上曾经作为政治、经济、文化、交通中心或军事要地，或发生过重要历史事件，或其传统产业、历史上建设的重大工程对本地区的发展产生过重要影响，或为本地区少数民族代表性的文化集中地等。

2. 拥有一定历史文化要素遗存

村镇保留着传统格局和历史风貌，历史建筑相对集中连片；村镇选址具有传统特色或地方代表性；村镇的功能构成、空间布局、街巷体系特色鲜明，体现传统文化或符合传统生产和生活需要，整体保存良好；历史建筑遗存丰富，能够集中反映某一历史阶段、历史时期的特色风貌；在建筑材料、建造工艺、建筑形体和具体使用等各方面，能够体现本地区建筑的文化特色、民族特色。

3.1.3 选定调查村镇的流程

选定流程：分析研究——预备名单——汇总筛选——最终名单

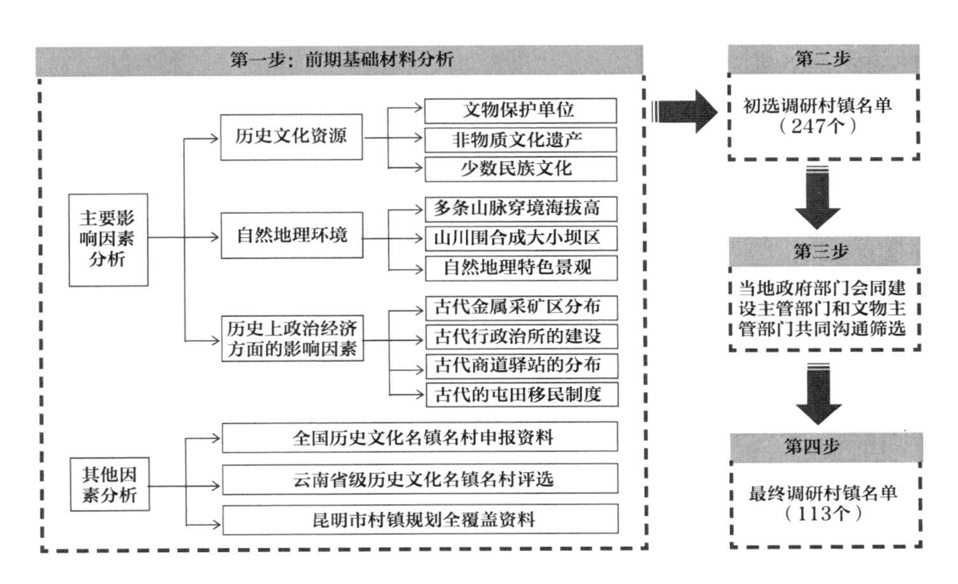

▲ 图3-1 调查村镇选定流程示意图

3.1.4 影响村镇分布的主要因素

◆ 影响村镇分布的主要因素 表3-1

因素类别	具体因素细化	具体特征描述分析
自然因素	地形特征	北部多高山深谷，有“轿子雪山”风景区和独特的农业生产景观“红土地”；中南部有面积很大的平坝区，地形变化逐渐减小，有滇池、石林、宜良九乡等风景名胜区
	气候特征	低纬度高原地区，气候因海拔高低而异。北部为温带，降雨量小；南部为亚热带，降雨量较多
	资源及安全	资源、安全是历史聚落选址的重要因素，原则是有利生产，方便生活，趋利避害。凡土地、水资源和物产矿藏资源都十分丰富的地区，为农、林、牧业的发展提供了得天独厚的自然条件，促使历史聚落形成，并表现出很强的地域性

续表

因素类别	具体因素细化	具体特征描述分析
历史因素	古代行政治所的建设	元、明、清三代云南的区划建制设置，对云南的区域社会经济发展有巨大的推动作用，对昆明的村镇分布也产生了巨大影响。昆明行政地位提升，使得周边村镇聚落经济区位优势显现，人口不断集聚，村镇聚落得到了较大发展，表现为各府、州、县周边的村镇聚落发展迅速、密集，区域向心性强的特点
	古代的屯田移民制度	明代由于卫所屯田和中原移民的进入，昆明人口大幅增长，“夷多汉少”的状况到明代有了根本的改变，城镇和村庄聚落得到较大发展，尤其在交通沿线，卫所周围有利垦殖的土地上，形成大量的汉族移民居民点或村庄聚落；汉族移民聚落向传统少数民族聚居区和边疆地区拓展推进，逐渐演化成新的汉族移民区，形成规模大小不一的汉族聚落
	古代商道、驿站的分布	伴随远距离经济贸易繁荣，昆明元、明、清三代的商道驿站体系逐渐成为国内外驿路的交会点和区域交通枢纽，其区域经济的核心地位也逐步确立发展。域内不仅有多条古道干线经过，还是多条对外贸易驿道的起点，在保障云南各区域中心城镇相互沟通、经济文化交流，以及与中央王朝联系的同时，也使驿站及驿道沿线聚落得到了持续的发展，周边乡村聚落也受到这一持续的发展促进
	古代金属采矿区的分布	元、明、清三代云南的区划建制设置及古商道、驿站等的建设，对云南的区域社会经济发展产生了巨大的推动作用，对昆明的村镇分布也产生了巨大影响。围绕各级治所或驿道、驿站和商号发展，随之形成了功能多样的聚落，这对其周边区域的村镇形成、发展和不断完善，起到了极强的拉动作用，表现出明显的区域向心性特点
文化遗存	各级文物保护单位	昆明市域现有各级文物保护单位575项，其中全国重点文物保护单位17项，主要分布于昆明市区、安宁市、晋宁县、寻甸回族彝族自治县、禄劝彝族苗族自治县
	非物质文化遗存	昆明非物质文化遗产类型丰富、数量众多，包括7项国家级非物质文化遗产、33项省级、238项市级、190项县级，共计508项非物质文化遗产

续表

因素类别	具体因素细化	具体特征描述分析
民族因素	民族构成	昆明市常住人口的86.16%为汉族，13.84%为各少数民族；主要少数民族包括：彝族44.1万人、回族15.2万人、白族8.3万人
	分布特征	集中分布的地区多是山区地带，且呈现“大杂居，小聚居”的特征
	独特生产生活方式与聚落选址的关系	农牧兼营。聚落多选在地势险要的高山或斜坡，有险可守，有路可走；高能望远，低近资源
	民族精神信仰	彝族毕摩信仰、白族本主信仰、回族伊斯兰教信仰等，均是维系和凝聚非亲属关系民族成员之间的核心力量，是各少数民族至今依然保持独特的生产生活习惯的根源所在
其他因素	历史文化名镇名村	目前昆明市域内尚无村镇入选中国历史文化名镇村；现有省级历史文化名镇1处，省级历史文化名村1处
	中国传统村落	已有52个村镇申报传统村落

3.1.5　筛选调研村镇的基本依据

1. **理论层面的依据：**依据方志舆图、文化线路以及既有研究成果和申报文件等材料，提出传统村落的初选名单，并依据对卫星图片中村镇肌理保存情况的判读结果，确定初选名单，再请地方工作人员进行删选，形成调查名单。

2. **实际调研过程中的修订：**在调查过程中，很多村镇与前期研究不符，或临时发现保存较好的村镇，要根据实际情况不断修正和增补调查名单。

说明：为了便于实际保护和管理工作的开展，在传统风貌村镇所在区县统计时，调研工作组充分尊重了昆明市当前行政管理设定的实际情况。具体而言，有些村镇在地理位置上位于某区（县）境内，而其实际行政管辖权有可能已经隶属于该地新设立的开发区，此种情况我们均按照实际管辖区进行统计。本次调研所涉及的新区主要包括昆明倘甸工业区、昆明阳宗海风景名胜区、昆明滇池国家旅游度假区、昆明国家高新技术开发区马金铺片区等四处。

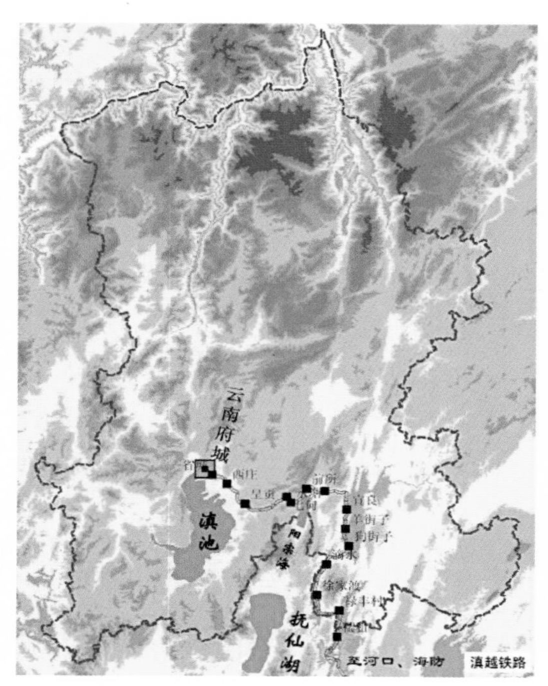

▲ 图3-2 昆明市域内滇越铁路沿线村落（图片来源：《昆明市历史文化名城总体规划》）

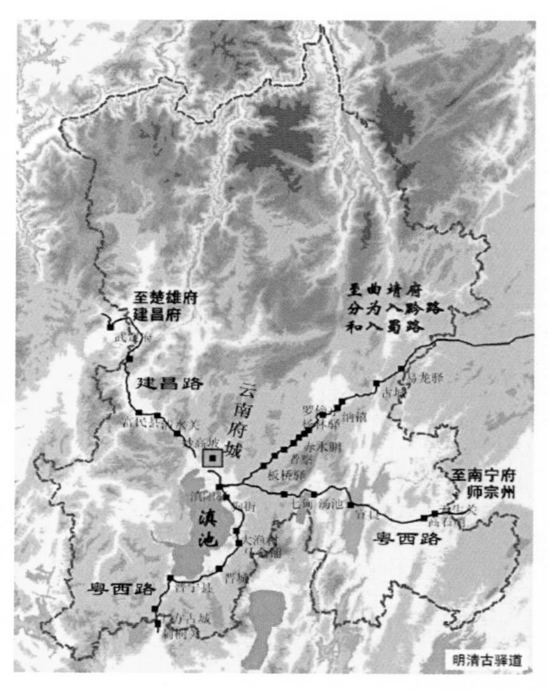

▲ 图3-3 昆明市域内明清古驿道沿线村落（图片来源：《昆明市历史文化名城总体规划》）

▲ 图3-4 西山区团结街道办事处章白村卫星影像图片（图片来源：google earth）

▲ 图3-5 西山区碧鸡街道办事处古莲村（图片来源：google earth）

3.1.6 初选调查村镇清单

通过相关影响要素的分析，以及对其他材料，包括昆明市第一批传统村落上报材料（共52个）、昆明市村镇规划全覆盖资料以及昆明地区村镇卫星遥感影像等材料的分析梳理，并以受调查村镇需满足的基本要求为依据，初步筛选出271个预调查村镇。各区县具体名单见表3-2。

◆ 初选调查村镇清单　表3-2

县　区	镇（个数）	行政村	自然村	备注
宜良县（45个）	狗街镇（16个）	里营村		
		里营村委会	沈伍营村	
		玉龙村		
		西村		
		龙华村委会	陈所渡村	
		化鱼村委会	化鱼村	
		小马街村委会	沈家营村	
			南大营、上伍营	
		骆家营村		
		龙保村委会	土官村	
		化所村委会	化所村	
		小哨村委会	小哨新村	市级特色村
		玉龙村委会	下伍营村	
		章堡村委会	章堡村	
		中营村委会	谷家营村	
			湾子村	
	北古城镇（10个）	陈家渡村		
		吕广营村		
		古城村		
		凤莱村委会	下前所村	
			先觉村	
		南北村委会	南北村	
		北羊街村委会	茴香村	
		车田村委会	蔡营村	
		安家桥村委会	安家桥村	
		木龙村委会	木龙村	
	匡远街道（7个）	黑羊村		
		木兴村委会	小木兴村	
		福谊村委会	墩子村	
		蓬莱村村委会	蓬莱村	
		瑞星村委会	瑞鸡村	
		温泉村委会	下栗者村	
		中乐村委会	中所村	

续表

县　区	镇（个数）	行政村	自然村	备注
宜良县（45个）	竹山镇（5个）	禄丰村		
		徐家渡村		
		白车勒村委会	白车勒村	
		班庄村委会	小班庄村	市级特色村
			上、下雨格甸村	
	耿家营乡（2个）	玉鼓村		
		尖山村委会	小戈比村	
	九乡（2个）	德马村委会	大德马村	
		陇城村委会	撒角亩村	
	汤池街道（2个）	三营村委会	汤池村	
		五邑村委会	五邑村	
	马街镇（1个）	马街村委会	窑上村	
富民县（44个）	赤就镇（13个）	普黑泥村	白龙村	
			白上村	
			磨丹村	
		阿纳宰中心村	阿纳宰中心村	
			黄家庄村	
		赤就村	石山箐村	
			龙泉村	
		东核村	杆枯楼村	
			黑谷田村	
		咀咪哩	咀咪哩村	
		龙潭村委会	龙潭村	
		平地村		市级历史村
		普黑泥村	普黑泥村	
	东村镇（10个）	东村	西村	
			下村	
			杨嘎哩村	
		中民村委会	龙潭村	
			麻地村	
			石庄村	
		祖库村委会	稍丹村	
			万宝山村	
			祖库村	
		乐在村		市级历史村
	款庄镇（7个）	多宜村	康郎箐村	省级特色小镇

续表

县　区	镇（个数）	行政村	自然村	备注
富民县（44个）	款庄镇（7个）	和平村	马龙汪村	
		对方村委会	大对方村	
		马街村	大庄村	
		青华村委会	小瓦房村	
		拖卓村		
		徐谷村委会	回头山村	
	散旦镇（7个）	翟家村村委会	北冲村	
		汉营村	翟家村	
			茨塘村	
			汉营村	
		甸头村	后箐村	市级特色小镇
		散旦村	小白井村	
		沙营村	沙营村	
	永定街（6个）	白石岩村	干海子村	
		龙马村委会	冬瓜林村	
		束刻村	小水井村	
		松林村委会	纪家冲村	
		拖担村委会	庄房村	
		瓦窑村委会	车完村	
	罗免镇（1个）	糯支村	田心村	省级特色小镇
晋宁县（36个）	夕阳彝族（14个）	保安村		
		绿溪村		市级特色村
		木杵榔村		
		木柞村		
		田房村	田房村	
		夕阳村	大摆衣村	
			山背后村	
			小绿溪村	
			大绿溪村	
			小石板河村	
			鲁企祖村	
		新山村		
		打黑村		
		一字格村		
	昆阳街（7个）	青龙村		
		宝峰村		

续表

县 区	镇（个数）	行政村	自然村	备注
晋宁县（36个）	昆阳街（7个）	中和铺村		
		昌家营村		
		海龙村		
		韩家营村		
		前卫村		
	双河彝族乡（5个）	荒川村	阿比村	市级特色小镇
			瑶冲村	
		老江河村	法古甸村	
		田坝村		
		双河营村		
	上蒜（5个）	科地村		
		段七村		
		金砂村		
		三多村		
		上蒜村		
	六街镇（3个）	大庄村		
		三印村	三印村	
		新寨村		
	二街镇（2个）	朱家村	顺民村	
			朱家营村	
东川区（34个）	阿旺镇（12个）	石门村委会	拖潭村	
		大石头村委会	大脑包村	
			磨角房村	
			中坪子村	
		发罗村委会	石板房村	
		关中村委会	双井村	
		海科村委会	荒田村	
			梁子村	
			炉房村	
		木多村委会	高卷槽村	
			麻栗坡村	
			期黑村	
	铜都镇（10个）	奔多村委会	小奔多村	
		嘎德村委会	嘎德村	
		赖石窝村委会	上下赖石窝村	
			油榨房村	

续表

县 区	镇（个数）	行政村	自然村	备注
东川区（34个）	铜都镇（10个）	老村村委会	橄榄坡村	
			光龙角村	
		李子沟村委会	八角地村	
		磨盘村委会	水井村	
		箐口村委会	汪家箐村	
		达德村委会	达德村	
	拖布卡（8个）	新店房村	店房村	
			老屋基村	
		大树脚村		
		安乐箐村		
		苦桃村		
		松坪村	—	
		播卡村	—	市级特色村
		桃园村	上箐	
	乌龙镇（4个）	店房村	—	市级特色镇
		包包村	—	
		跑马村	山尾巴村	
		水井村	水井村	
石林彝族自治县（28个）	大可乡（9个）	大可村	小波溪村	
			者衣冲村	
		大月牙山河村	—	
		南大村	平田村	
			西齐路村	
		水尾村	老黑山村	
			下堵泥村	
		岩子脚	—	
		中龙村	中龙潭村	
	长湖镇（5个）	豆黑村	豆黑村	
		海宜村	海宜村	
		舍色村	舍色村	
		维则村	维则村	
			阿着底村	
	鹿阜镇（3个）	阿乌村		
		大小北山		
		月湖村		
	圭山镇（3个）	糯黑村		市级特色小镇

续表

县　区	镇（个数）	行政村	自然村	备注
石林彝族自治县（28个）	圭山镇（3个）	当甸村	所西达村	
		红路口村	双龙箐村	
	石林镇（3个）	老挖村	小老挖村	省级特色镇
		林口铺村	和摩村村	
		小箐村		市级特色村
	板桥镇（3个）	板桥村		
		者乌龙村		
		龙溪村		
	西街口镇（2个）	巴茅村		
		威黑村	清水塘村	
寻甸回族彝族自治县（25个）	鸡街（8个）	北屏村	抓地龙村	
			卧间村	
			余家箐村	
		彩己村	彩己村	
		耻格村	耻格村	
			戈乐村	
		古城村	戈卓龙村	
		极乐村	小沧浪村	
	功山（5个）	白龙村	白龙潭村	
			得胜坡村	
		杨柳村	格来河南上村	
		尹武村	落水洞村	
		云龙村	上村	
	柯渡（3个）	丹桂村	丹桂村	市级特色镇
		甸尾村	甸尾大村	
		可郎村	可郎村	
	甸沙（2个）	甸沙村	萨米卡村	
			洒井村	
	仁德（2个）	道院村	小法古村	市级特色村
		塘子村	塘子村	市级特色村
	六哨（1个）	板桥村	瓦窑村	市级特色村
	河口（1个）	糯基村	象鼻岭村	市级特色小镇
	七星（1个）	必寨村	窝子田村	
	塘子镇（1个）	塘子村	塘子村	
	先锋（1个）	富鲁村	富尔阁村	

续表

县 区	镇（个数）	行政村	自然村	备注
安宁市（15个）	八街街道（11个）	八街小组	石坝村	省级特色镇
		朝阳小组	史家庄村	
		朝阳小组	代家庄村	
		枧槽营小组	何家营村	
		七街小组	小营村	
		一六小组	德滋村	
		二街村		
		摩所营村		
		龙洞村		
		七街村		
		温水村		
	禄脿街道（1个）	禄脿村		
	太平街道（1个）	读书铺行政村	上凤凰村	
	县街街道（1个）	县街村委会	小红祥村	
	温泉街道（1个）	后山崀村委会	后山崀村	省级特色镇
禄劝彝族苗族自治县（10个）	屏山镇（3个）	六江村		
		崇德村委会	崇德村	
		岔河村委会	羊槽村	
	茂山镇（2个）	硝井村	西村	
		挪拥村委会	朱家村	
	撒营盘镇（2个）	三合村		
		老坞村委会	撒老乌村委会	
	翠华镇（2个）	汤郎箐村委会	秧草堆村	
		翠华村		
	皎平渡镇（1个）	长麦地村委会	斑鸠嘎哩村+长麦地村	
昆明倘甸工业区（6个）	红土地（2个）	大坪子村		省级特色镇
		花沟村		
	凤合（1个）	新城村		市级特色村
	金源（1个）	安秧村	老田村	市级特色小镇
	舍块（1个）	—		市级特色小镇
	转龙（1个）	桂泉村	大法期村	省级特色小镇
昆明阳宗海风景名胜区（2个）	汤池镇（1个）	阿乃村委会	阿乃村	市级特色村
	阳宗镇（1个）	桃李村委会	水盆村	市级特色村
嵩明县（7个）	杨侨乡（2个）	西山村	桃花庵村	
		西山村		

续表

县　区	镇（个数）	行政村	自然村	备注
嵩明县（7个）	牛栏江镇（4个）	古城村		
		荒田村委会	大平地村	
			野猪塘村	
			田坝村	
	杨林镇（1个）	—		
西山区（10个）	碧鸡镇（1个）	西化村		
	团结街道（7个）	龙潭村委会	大乐居村	
			小乐居村	
		上律则村		
		律则村委会	核桃箐村	
		上冲居委会	大哨村	
		白眉村		
		白眉村委会	章白村	
	谷律彝族白族乡（1个）	岔河村		
	碧鸡镇（1个）	西化村		
昆明滇池国家旅游度假区（1个）	大渔片区（1个）	海晏村	滇池旅游度假区	
昆明国家高新技术开发区马金铺片区（1个）	马金铺乡（1个）	化成村		
五华区（4个）	厂口乡（3个）	瓦恭村委会	上瓦恭村	
			下瓦恭村	
			下魏家村	
	沙朗乡（1个）	沙朗村		
官渡区（3个）	大板桥街道办事处（3个）	阿底村委会	小寨村	
			二京村	
		阿底村		

3.2 调查对象及内容

3.2.1　终选调查村镇名单

在初选调查名单基础上，昆明各市县政府工作人员、建设主管部门、文物主管部门和专家调查组分别提出建议，最终确定136个重点村镇进行调查，具体名单见表3-3。

◆ 终选调查村镇名单　表3-3

序号	所在区县	所在镇乡	村镇名称
1	安宁市	县街街道	小红祥村
2	安宁市	八街街道	招霸村
3	安宁市	八街街道	龙洞村
4	安宁市	八街街道	大五岳村
5	安宁市	禄脿街道	禄脿村
6	安宁市	八街街道	八街老街
7	安宁市	八街街道	磨南德村
8	安宁市	八街街道	大哨村
9	安宁市	太平新城街道	上凤凰村
10	安宁市	温泉街道	后山岚村
11	安宁市	草铺街道	草铺老街
12	晋宁县	夕阳彝族乡	鲁企祖村
13	晋宁县	夕阳彝族乡	打黑村
14	晋宁县	夕阳彝族乡	一字格村
15	晋宁县	夕阳彝族乡	木鲊村
16	晋宁县	夕阳彝族乡	双河营村
17	晋宁县	双河彝族乡	田坝村
18	晋宁县	双河彝族乡	核桃园村
19	晋宁县	六街镇	新寨村
20	晋宁县	晋城古镇	
21	晋宁县	晋城古镇	方家营村
22	晋宁县	双河彝族乡	下庄河村
23	晋宁县	六街镇	大庄村
24	晋宁县	六街镇	三印村
25	晋宁县	昆阳街道办	青龙村
26	晋宁县	二街镇	朱家营村
27	晋宁县	上蒜镇	上蒜村
28	晋宁县	上蒜镇	石寨村
29	晋宁县	上蒜镇	福安村
30	晋宁县	上蒜镇	竹园村

续表

序号	所在区县	所在镇乡	村镇名称
31	晋宁县	新街乡	大西村
32	晋宁县	二街镇	锁溪渡村
33	晋宁县	二街镇	顺民村
34	晋宁县	二街镇	大绿溪村
35	宜良县	竹山镇	徐家渡村
36	宜良县	竹山镇	大路田村
37	宜良县	九乡彝族回族乡	义民村
38	宜良县	竹山镇	白尼莫村
39	宜良县	竹山镇	团山村
40	宜良县	竹山镇	老窝铺村
41	宜良县	竹山镇	麦地山村
42	宜良县	马街镇	窑上村
43	宜良县	北古城镇	吕广营村
44	宜良县	耿家营彝族苗族乡	土官村
45	宜良县	匡远镇	匡远老街
46	宜良县	北古城镇	古城村
47	宜良县	竹山镇	禄丰村
48	石林彝族自治县	鹿阜镇	
49	石林彝族自治县	圭山镇	海宜村
50	石林彝族自治县	圭山镇	糯黑村
51	石林彝族自治县	板桥镇	板桥村
52	石林彝族自治县	鹿阜镇	三板桥村
53	石林彝族自治县	鹿阜镇	堡子村
54	石林彝族自治县	石林镇	老挖村
55	石林彝族自治县	鹿阜镇	小乐台旧村
56	石林彝族自治县	石林镇	月湖村
57	东川区	铜都街道	嘎德村
58	东川区	铜都街道	箐口村
59	东川区	铜都街道	河里湾村
60	东川区	铜都街道	梅子村
61	东川区	汤丹镇	汤丹镇

续表

序号	所在区县	所在镇乡	村镇名称
62	东川区	汤丹镇	烂泥坪村
63	东川区	阿旺乡	拖潭村
64	东川区	拖布卡镇	大脑包村
65	东川区	拖布卡镇	店房村
66	东川区	拖布卡镇	树桔村
67	东川区	因民镇	牛厂坪村
68	禄劝彝族苗族自治县	屏山街道	西村
69	禄劝彝族苗族自治县	屏山街道	硝井村
70	禄劝彝族苗族自治县	翠华镇	者广村
71	禄劝彝族苗族自治县	翠华镇	本义村
72	禄劝彝族苗族自治县	翠华镇	官庄村
73	禄劝彝族苗族自治县	翠华镇	以它地村
74	禄劝彝族苗族自治县	茂山镇	甸尾村
75	禄劝彝族苗族自治县	茂山镇	大箐村
76	禄劝彝族苗族自治县	茂山镇	坝塘村
77	禄劝彝族苗族自治县	茂山镇	大河边村
78	昆明倘甸工业区	转龙镇	小新村
79	昆明倘甸工业区	转龙镇	大法期村
80	昆明倘甸工业区	红土地镇	花沟村
81	昆明倘甸工业区	红土地镇	新田村
82	昆明倘甸工业区	凤合乡	秧田冲村
83	昆明倘甸工业区	凤合乡	税房村
84	寻甸回族彝族自治县	塘子镇	易隆村
85	寻甸回族彝族自治县	柯渡镇	丹桂村
86	寻甸回族彝族自治县	柯渡镇	可郎村
87	寻甸回族彝族自治县	柯渡镇	磨腮村
88	寻甸回族彝族自治县	柯渡镇	白牡丹村
89	寻甸回族彝族自治县	柯渡镇	甸尾村
90	寻甸回族彝族自治县	七星乡	窝子田村
91	寻甸回族彝族自治县	先锋乡	木龙马村
92	寻甸回族彝族自治县	甸沙乡	密枝树村

续表

序号	所在区县	所在镇乡	村镇名称
93	寻甸回族彝族自治县	甸沙乡	李家村
94	寻甸回族彝族自治县	甸沙乡	干海子村
95	寻甸回族彝族自治县	甸沙乡	麦地心村
96	寻甸回族彝族自治县	甸沙乡	洒井村
97	寻甸回族彝族自治县	甸沙乡	萨米卡村
98	寻甸回族彝族自治县	甸沙乡	田坝心村
99	富民县	永定街道	车完村
100	富民县	永定街道	小水井村
101	富民县	赤鹫镇	平地村
102	富民县	赤鹫镇	咀咪哩村
103	富民县	款庄镇	沈家村
104	富民县	款庄镇	李子树村
105	富民县	罗免镇	小糯枝
106	富民县	罗免镇	杨家村
107	富民县	罗免镇	田心村
108	富民县	罗免镇	岩子脚村
109	富民县	罗免镇	大麦竜村
110	富民县	散旦镇	白水塘村
111	富民县	散旦镇	廖营村
112	富民县	散旦镇	沙营村
113	富民县	东村镇	乐在村
114	嵩明县	杨桥乡	桃花庵村
115	嵩明县	杨桥乡	西山村
116	嵩明县	牛栏江镇	古城村
117	嵩明县	牛栏江镇	大平地村
118	嵩明县	牛栏江镇	野猪塘村
119	嵩明县	牛栏江镇	田坝村
120	嵩明县	杨林镇	杨林镇
121	西山区	碧鸡镇	西化村
122	西山区	团结乡	大乐居村
123	西山区	团结乡	小乐居村

续表

序号	所在区县	所在镇乡	村镇名称
124	西山区	团结乡	上律则村
125	西山区	团结乡	核桃箐村
126	西山区	谷律彝族白族乡	岔河村
127	西山区	团结乡	大哨村
128	西山区	团结乡	白眉村
129	西山区	团结乡	章白村
130	昆明阳宗海风景名胜区	—	阿乃村
131	昆明滇池国家旅游度假区	大渔片区	海晏村
132	昆明国家高新技术开发区马金铺片区	马金铺乡	化成村
133	五华区	厂口乡	上瓦恭村
134	官渡区	大板桥街道办事处	小寨村
135	官渡区	大板桥街道办事处	二京村
136	官渡区	大板桥街道办事处	阿底村

3.2.2　村镇调查具体内容

传统风貌村镇调查和研究主要包括村镇概况、历史文化要素价值特色与保存状况、保护与发展建议三项基本内容，主要以能够全面展示村镇保存现状和传统文化特色为主，其核心内容包括：

（1）历史文化与沿革，包括建制沿革、聚落变迁、重大历史事件名人事迹等。

（2）传统格局与历史风貌，包括与聚落历史形态紧密关联的地形地貌和河湖水系、传统轴线、街巷的比例尺度及天际轮廓线、重要公共建筑及公共空间的布局等。

（3）主要历史建筑物和构筑物的功能布局、面积规模、建造年代、工艺技法、礼制文化，以及保存现状等信息。

（4）历史环境要素，包括反映历史风貌的古塔、古井、牌坊、戏台、围墙、石阶、铺地、驳岸、古树名木等要素与村镇格局关系、使用氛围及其保存现状等。

（5）文物保护单位、遗址、古迹的详细信息。

（6）传统文化和非物质文化遗产，包括民俗、民间文学、礼仪节庆、表演艺术、生产技艺等类型。

具体到每一村镇调查时，要填写该传统风貌村镇调查表，并最终形成受调查村镇的基础档案资料。以石林彝族自治县圭山镇海宜村为例，见表3-4、图3-6。

◆ 昆明市域传统风貌村镇调查表　表3-4

村镇名称	石林彝族自治县圭山镇海宜村		
土地面积（平方公里）	22.50	耕地面积（亩）	2989.30
户籍人口（人）	1933	民族构成	彝族为主
年集体收入（万元）	820.30	农民纯收入（元）	2935
主导经济产业			
地形特征	山区	区位条件	距离镇0.5公里
是否列入保护或示范名录	无		
有无规划及何种规划形式	无		
村镇情况	海宜村始建于明中晚期，昂氏最早居住，村内保留着昂氏彝汉文宗谱碑、古城墙、古树等文物古迹。民居建筑、聚落格局保持彝族撒尼传统风貌。撒尼传统建筑瓦房占99%以上，村内建筑错落有致，传统民居环境古朴典雅，特色较为突出		
文保单位、传统建筑及历史街巷现状	村内传统建筑集中成片，风貌协调统一，但缺乏修缮，部分房屋破损严重。街巷格局保存完好，但多为土路，路况较差		
非物质文化遗产情况	无		
保护、发展情况	目前村内缺乏合理布局，现状新旧建筑混杂，整体风貌遭到一定破坏，村民保护意识淡薄，也缺少相关的管理与监管		

▲ 图3-6　石林彝族自治县圭山镇海宜村（组图）

3.3 调查总结分析

3.3.1 调查工作总结

1. 数量分布

昆明市域南北长237.5公里，东西宽152公里，总面积约21011平方公里。市域面积大，村镇分布范围广，交通情况复杂、不乏非常危险的路况，甚至一些偏僻的村庄只能徒步前往。这对工作组深入每个村镇，进行现场调查带来很大难度。本次实地调查工作覆盖一市六县两区，北至播卡镇播卡村；南到夕阳彝族乡打黑村；西到市域沿线撒营盘镇三合村、罗免镇岩子脚村、禄脿街道禄脿村；东延石林县圭山镇糯黑村、寻甸县七星镇窝子田村、东川区铜都街道箐口村，最终行程6000多公里，实地调查了136个村镇，在较为困难的条件下完成了本次调查工作。

各区县调查村镇的数量：西山区9个、昆明滇池国家旅游度假区1个、昆明国家高新技术开发区马金铺片区1个、五华区1个、官渡区3个、阳宗海园区1个、嵩明县7个、东川区11个、晋宁县23个、富民县15个、宜良县13、石林彝族自治县9个、禄劝彝族苗族自治县10个、寻甸回族彝族自治县15个、安宁市11个、昆明倘甸工业区6个。

2. 保存现状

昆明市复杂的自然地貌、悠久的人文历史以及多样的民族文化，形成市域村镇具有复杂性、多样性及交融并存的特点。此外，在近几十年经济的迅速发展的影响之下，昆明市域村镇的传统风貌及传统文化资源遭到了一定程度的破坏，各个村镇保存的价值要素内容不尽相同。这些复杂情况不仅为调查带来了困难，也为接下来的价值评估、列级认定以及保护策略等工作提出了新的挑战。

3.3.2 调查村镇聚落类型分析

1. 聚落类型的划分依据

昆明市的地形地貌情况复杂，市域内传统风貌村镇的聚落形态很丰富。本次调查参照刘学、黄明编著的《云南历史文化名城、镇、村街保护规划体系研究》一书中对云南省聚落类型的划分方式，并参考调查的实际情况，按规整城垣型、自由城垣型、依山自然型、沿岸自然型、顺坝自然型、古道驿站型6个类别，对昆明市域内的传统风貌村镇进行了统计。

2. 聚落类型的数量统计

本次调查村镇中，有83个村镇为依山自然型；39个村镇为顺坝自然型；5个村镇为古道驿站型；4个村镇为规整城垣型；2个村镇为沿岸自然型；1个村镇沿岸自然型；2个村镇为自由城垣型。各类型村镇名单见表3-5。

3. 聚落类型的地域分布特征

由于昆明市域内北部多高山深谷，村镇多分布于海拔2000~3000米间的山地，因此，北部村镇的聚落类型多呈“依山自然型”，这些村镇的布局方式通常是沿等高线呈“阶梯状”排列，又因山间建设用地面积小，村镇布局十分紧凑。中南部地区整体海拔较低，又有面积很大的平坝区，村镇大部分海拔在1500~2800米之间，多为“顺坝自然型”村镇，这些村镇的规划布局因地形变化较小，相对开阔且规整。

◆ 昆明市传统风貌村镇聚落类型列表　表3-5

序号	所在区县	所在镇乡	村镇名称	聚落类型
1	安宁市	县街街道	小红祥村	依山自然型
2	安宁市	八街街道	招霸村	依山自然型
3	安宁市	八街街道	龙洞村	依山自然型
4	安宁市	八街街道	大五岳村	依山自然型
5	安宁市	禄脿街道	禄脿村	古道驿站型
6	安宁市	八街街道	八街老街	规整城垣型
7	安宁市	八街街道	磨南德村	依山自然型
8	安宁市	八街街道	大哨村	顺坝自然型
9	安宁市	太平新城街道	上凤凰村	依山自然型
10	安宁市	温泉街道	后山岚村	依山自然型
11	安宁市	草铺街道	草铺老街	顺坝自然型
12	晋宁县	夕阳彝族乡	鲁企祖村	依山自然型
13	晋宁县	夕阳彝族乡	打黑村	依山自然型
14	晋宁县	夕阳彝族乡	一字格村	古道驿站型

续表

序号	所在区县	所在镇乡	村镇名称	聚落类型
15	晋宁县	夕阳彝族乡	木鲊村	依山自然型
16	晋宁县	夕阳彝族乡	双河营村	依山自然型
17	晋宁县	双河彝族乡	田坝村	依山自然型
18	晋宁县	双河彝族乡	核桃园村	依山自然型
19	晋宁县	六街镇	新寨村	依山自然型
20	晋宁县	晋城古镇	—	规整城垣型
21	晋宁县	晋城古镇	方家营村	顺坝自然型
22	晋宁县	双河彝族乡	下庄河村	顺坝自然型
23	晋宁县	六街镇	大庄村	顺坝自然型
24	晋宁县	六街镇	三印村	依山自然型
25	晋宁县	昆阳街道办	青龙村	依山自然型
26	晋宁县	二街镇	朱家营村	顺坝自然型
27	晋宁县	上蒜镇	上蒜村	顺坝自然型
28	晋宁县	上蒜镇	石寨村	顺坝自然型
29	晋宁县	上蒜镇	福安村	顺坝自然型
30	晋宁县	上蒜镇	竹园村	顺坝自然型
31	晋宁县	新街乡	大西村	顺坝自然型
32	晋宁县	二街镇	锁溪渡村	依山自然型
33	晋宁县	二街镇	顺民村	顺坝自然型
34	晋宁县	二街镇	大绿溪村	依山自然型
35	宜良县	竹山镇	徐家渡村	沿岸自然型
36	宜良县	竹山镇	大路田村	依山自然型
37	宜良县	九乡彝族回族乡	义民村	顺坝自然型
38	宜良县	竹山镇	白尼莫村	依山自然型
39	宜良县	竹山镇	团山村	依山自然型
40	宜良县	竹山镇	老窝铺村	依山自然型
41	宜良县	竹山镇	麦地山村	顺坝自然型
42	宜良县	马街镇	窑上村	顺坝自然型
43	宜良县	北古城镇	吕广营村	顺坝自然型
44	宜良县	耿家营彝族苗族乡	土官村	依山自然型
45	宜良县	匡远镇	匡远老街	顺坝自然型

续表

序号	所在区县	所在镇乡	村镇名称	聚落类型
46	宜良县	北古城镇	古城村	顺坝自然型
47	宜良县	竹山镇	禄丰村	依山自然型
48	石林彝族自治县	鹿阜镇	—	顺坝自然型
49	石林彝族自治县	圭山镇	海宜村	依山自然型
50	石林彝族自治县	圭山镇	糯黑村	沿岸自然型
51	石林彝族自治县	板桥镇	板桥村	顺坝自然型
52	石林彝族自治县	鹿阜镇	三板桥村	顺坝自然型
53	石林彝族自治县	鹿阜镇	堡子村	古道驿站型
54	石林彝族自治县	石林镇	老挖村	顺坝自然型
55	石林彝族自治县	鹿阜镇	小乐台旧村	顺坝自然型
56	石林彝族自治县	石林镇	月湖村	古道驿站型
57	东川区	铜都街道	嘎德村	依山自然型
58	东川区	铜都街道	箐口村	依山自然型
59	东川区	铜都街道	河里湾村	依山自然型
60	东川区	铜都街道	梅子村	依山自然型
61	东川区	汤丹镇	汤丹镇	自由城垣型
62	东川区	汤丹镇	烂泥坪村	依山自然型
63	东川区	阿旺乡	拖潭村	依山自然型
64	东川区	拖布卡镇	大脑包村	依山自然型
65	东川区	拖布卡镇	店房村	依山自然型
66	东川区	拖布卡镇	树桔村	依山自然型
67	东川区	因民镇	牛厂坪村	依山自然型
68	禄劝彝族苗族自治县	屏山街道	西村	依山自然型
69	禄劝彝族苗族自治县	屏山街道	硝井村	依山自然型
70	禄劝彝族苗族自治县	翠华镇	者广村	顺坝自然型
71	禄劝彝族苗族自治县	翠华镇	本义村	依山自然型
72	禄劝彝族苗族自治县	翠华镇	官庄村	依山自然型
73	禄劝彝族苗族自治县	翠华镇	以它地村	依山自然型
74	禄劝彝族苗族自治县	茂山镇	甸尾村	依山自然型
75	禄劝彝族苗族自治县	茂山镇	大箐村	依山自然型
76	禄劝彝族苗族自治县	茂山镇	坝塘村	依山自然型

续表

序号	所在区县	所在镇乡	村镇名称	聚落类型
77	禄劝彝族苗族自治县	茂山镇	大河边村	依山自然型
78	昆明倘甸工业区	转龙镇	小新村	古道驿站型
79	昆明倘甸工业区	转龙镇	大法期村	顺坝自然型
80	昆明倘甸工业区	红土地镇	花沟村	依山自然型
81	昆明倘甸工业区	红土地镇	新田村	依山自然型
82	昆明倘甸工业区	凤合乡	秧田冲村	依山自然型
83	昆明倘甸工业区	凤合乡	税房村	依山自然型
84	寻甸回族彝族自治县	塘子镇	易隆村	顺坝自然型
85	寻甸回族彝族自治县	柯渡镇	丹桂村	依山自然型
86	寻甸回族彝族自治县	柯渡镇	可郎村	顺坝自然型
87	寻甸回族彝族自治县	柯渡镇	磨腮村	依山自然型
88	寻甸回族彝族自治县	柯渡镇	白牡丹村	顺坝自然型
89	寻甸回族彝族自治县	柯渡镇	甸尾村	顺坝自然型
90	寻甸回族彝族自治县	七星乡	窝子田村	顺坝自然型
91	寻甸回族彝族自治县	先锋乡	木龙马村	依山自然型
92	寻甸回族彝族自治县	甸沙乡	密枝树村	依山自然型
93	寻甸回族彝族自治县	甸沙乡	李家村	依山自然型
94	寻甸回族彝族自治县	甸沙乡	干海子村	依山自然型
95	寻甸回族彝族自治县	甸沙乡	麦地心村	依山自然型
96	寻甸回族彝族自治县	甸沙乡	洒井村	依山自然型
97	寻甸回族彝族自治县	甸沙乡	萨米卡村	依山自然型
98	寻甸回族彝族自治县	甸沙乡	田坝心村	依山自然型
99	富民县	永定街道	车完村	依山自然型
100	富民县	永定街道	小水井村	依山自然型
101	富民县	赤鹫镇	平地村	顺坝自然型
102	富民县	赤鹫镇	咀咪哩村	依山自然型
103	富民县	款庄镇	沈家村	顺坝自然型
104	富民县	款庄镇	李资树村	顺坝自然型
105	富民县	罗免镇	小糯枝	依山自然型
106	富民县	罗免镇	杨家村	依山自然型
107	富民县	罗免镇	田心村	依山自然型

续表

序号	所在区县	所在镇乡	村镇名称	聚落类型
108	富民县	罗免镇	岩子脚村	依山自然型
109	富民县	罗免镇	大麦竜村	依山自然型
110	富民县	散旦镇	白水塘村	依山自然型
111	富民县	散旦镇	廖营村	依山自然型
112	富民县	散旦镇	沙营村	顺坝自然型
113	富民县	东村镇	乐在村	依山自然型
114	嵩明县	杨桥乡	桃花庵村	依山自然型
115	嵩明县	杨桥乡	西山村	顺坝自然型
116	嵩明县	牛栏江镇	古城村	规整城垣型
117	嵩明县	牛栏江镇	大平地村	顺坝自然型
118	嵩明县	牛栏江镇	野猪塘村	依山自然型
119	嵩明县	牛栏江镇	田坝村	依山自然型
120	嵩明县	杨林镇	杨林镇	规整城垣型
121	西山区	碧鸡镇	西化村	顺坝自然型
122	西山区	团结乡	大乐居村	依山自然型
123	西山区	团结乡	小乐居村	依山自然型
124	西山区	团结乡	上律则村	依山自然型
125	西山区	团结乡	核桃箐村	依山自然型
126	西山区	谷律彝族白族乡	岔河村	依山自然型
127	西山区	团结乡	大哨村	依山自然型
128	西山区	团结乡	白眉村	顺坝自然型
129	西山区	团结乡	章白村	顺坝自然型
130	昆明阳宗海风景名胜区	—	阿乃村	依山自然型
131	昆明滇池国家旅游度假区	大渔片区	海晏村	沿岸自然型
132	昆明国家高新技术开发区马金铺片区	马金铺乡	化成村	自由城垣型
133	五华区	厂口乡	上瓦恭村	依山自然型
134	官渡区	大板桥街道办事处	小寨村	依山自然型
135	官渡区	大板桥街道办事处	二京村	依山自然型
136	官渡区	大板桥街道办事处	阿底村	依山自然型

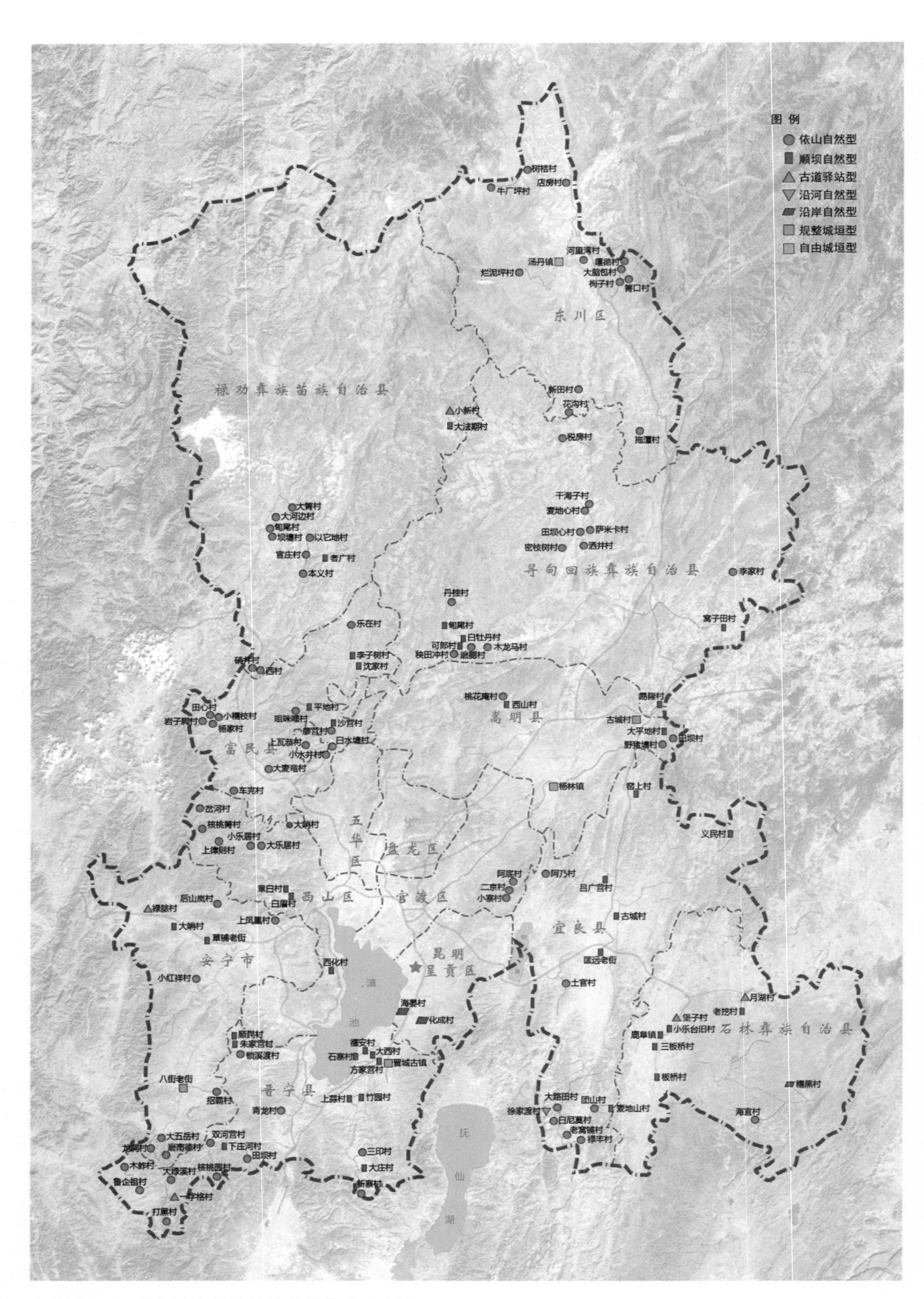

▲ 图3-7　昆明市传统风貌村镇聚落类型分布图

3.3.3　调查村镇建筑特征分析

1. 昆明市域民居建筑特征概述

昆明市域内大部分村镇的民居院落紧凑而封闭，有些村镇的民居院落是标准的“一颗印”或“半颗印”形式。在北部山区，有一些村镇选址在坡度较大的山地，为顺应地势，民居院落和建筑打破了方正严整的格局，沿等高线呈横向铺展的形态，甚至没有院落，仅有一座主屋。

民居建筑多为两层，一层较高，采光充足，为村民生活起居的主要空间；二层檐口较低，采光不够充分，一般将明间作为祭祀空间，其他房间用作仓储。在东川区的嘎德等村镇，因采用厚重的天然石板作为屋瓦，屋顶自重很大，大多数民居建筑为一层。

民居房屋的承重结构为穿斗式木构架，房屋基础由石块砌筑。山墙及后墙多采用生土夯筑或土坯砖砌筑。墙体自下而上有一定收分，外皮很少包砖。院落内部的檐墙多用木作装修，大部分民居装饰简洁朴素，也有些民居雕刻精美。在一些石材易得的村镇，村民也使用石块来砌筑墙体，如石林彝族自治县（村）。

因为民居建筑的维护墙体多是生土夯筑，为最大限度地遮蔽风雨，其屋顶形式一般采用悬山式，筒瓦屋面，举折平缓，前后出挑和两侧出际适中，在出际的檩枋端头悬挂板瓦进行防护。晋宁县的一字格、打黑等村的民居建筑，屋顶出际较大，并以博风板进行防护。也有村镇的民居为硬山顶形式。

此外，在受调查村镇中，有大量的“烤烟房”建筑，一般其平面呈方形，夯土建造，比普通民居高耸，但在很多村镇中，“烤烟房”已经停用。

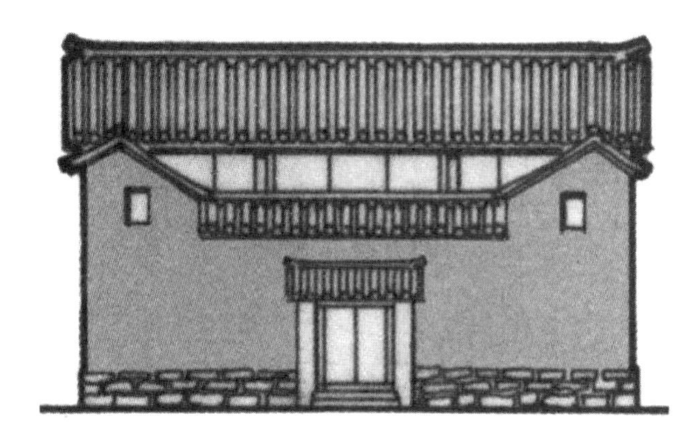

▲图3-8　昆明“一颗印”合院民居立面图（图片来源：《云南民居》）

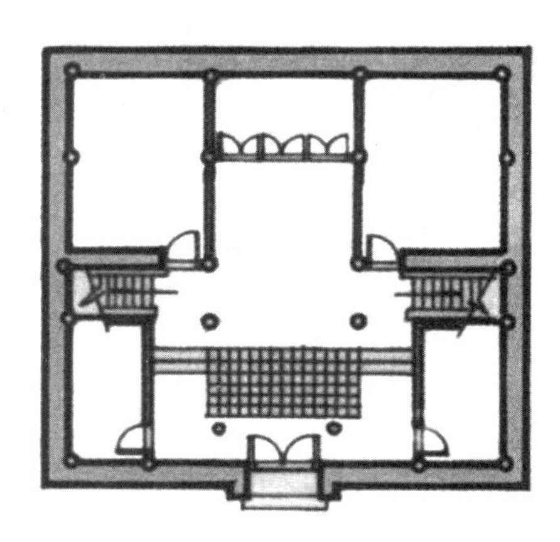

▲图3-9　昆明“一颗印”合院民居平面图（图片来源：《云南民居》）

▲ 图3-10 平地村“一颗印”合院民居

▲ 图3-11 新寨村“一颗印”合院民居

▲ 图3-12 鹿阜镇规模较大、形式丰富的民居建筑

▲ 图3-13 晋城古镇两层临街商铺建筑

▲ 图3-14 徐家渡村三层沿街商铺建筑

▲ 图3-15 徐家渡村两层沿街商铺建筑

▲ 图3-16　核桃园村民居内部朴素的木作装修

▲ 图3-17　平地村民居内部朴素的木作装修

▲ 图3-18　晋城古镇民居内部精美的木雕装修

▲ 图3-19　打黑村民居大门精美的雕刻

▲ 图3-20　石林彝族自治县海宜村石块砌筑的民居

▲ 图3-21　海宜村烤烟房建筑

2. 典型村镇建筑特征分析举隅

（1）晋宁县一字格村——兼具唐宋民居遗风的古朴民居建筑

一字格村位于古驿道旁，与昆明地区普遍的“一颗印”比较，一字格村民居的合院较为宽敞。其民居建筑最有特点的是屋顶部分的处理。屋顶为悬山形式，筒瓦屋面，举折平缓，相较其他区县，其屋顶的前后出挑及两山出际更大一些，突出山墙的檩枋用博风板防护，在博风板两端做“回勾”的装饰，造型简洁有力，使其屋顶倍显飘逸和苍劲古朴的韵致。

一字格民居建筑的承重体系为穿斗结构。其山墙、后墙均使用生土夯筑围护，墙身自下而上有较为明显的收分，有些房屋在山墙面夯筑至檩枋底部，露出屋顶木结构透风去潮。在院落内部的正面檐墙多使用朴素的木装修。房屋基础多为石块砌筑。大门一般进行雕刻装饰，有些大门的做工十分精美。

此外，古驿道对一字格村的建筑也产生了一定影响。例如，临近村庄主路（驿道）的建筑具有一定的外向性，可能曾有过商业或公共服务的功能。

总体而言，苍劲古朴的悬山屋顶、收分明显的夯土墙体、简洁朴素的木作装修，使一字格民居隐隐透出唐宋时期民居的风韵。

▲ 图3-22　一字格村民居建筑的屋顶和山墙

▲ 图3-23　一字格村民居的结构体系

▲ 图3-24　一字格村民居木作为主内檐装修

▲ 图3-25　一字格村民居精细雕刻的门头

▲ 图3-26　一字格村民居（厢房两层外向开窗）

▲ 图3-27　一字格村沿街商户建筑

（2）禄劝彝族苗族自治县西村——适应地势打破格局的民居建筑

禄劝彝族苗族自治县的西村选址在坡度较大的山地。为适应地势，民居院落打破了方正严整的格局，也有很多民居没有院落，仅有两层主屋。建筑同样顺应地势沿等高线横向铺开，主屋一般有很多开间，远远望去层层叠叠，很有气势。

民居建筑的屋顶为悬山形式，筒瓦屋面，屋脊以筒瓦重叠压实，两头拼瓦花翘起，突出山墙的檩枋端头挂板瓦以防雨。建筑一层设有檐廊，正面的廊下及二层檐下为朴素的木作装修，后墙、山墙为生土夯筑。目前，该村为少数民族示范村，所有建筑外墙刷白以整治村容，与原来的夯土素墙相比，风貌已经改变。

▲ 图3-28　西村民居建筑群落的层叠气势

▲ 图3-29　西村顺应地势横向展开的民居建筑

▲ 图3-30　西村民居外向开敞的院落

▲ 图3-31　西村民居出际檩枋端头挂瓦片防护

（3）东川区嘎德村——天然石瓦屋民居

嘎德村民居最大的特征是采用天然石板作为屋瓦，因屋顶自重很大，因此大多为一层。由于调查正处于当地农忙时期，没有机会进入到农户家中，对该村建筑特征的分析是以村旁小庙为基础。

小庙建筑为穿斗式承重结构，柱、檩、枋用材均不大。墙体为生土夯筑，山墙面封顶，风化较为严重。屋顶部分的椽子用材较小，且有较大间距，椽上直接敷设石片瓦。石片瓦为天然石材劈凿加工而成，形状自然，大小不一，通过紧密叠压，防止雨水倒灌。因石片自重大，屋面平缓，石片瓦不需要特别处理也能较为稳固。屋顶前后及侧面出檐都很少，因此对夯土墙体的防护作用较小。

因为石板瓦造价高，且保温和防潮性能差。因此，修缮传统屋顶时，村民多选择造价较低的石棉瓦替代。但由于高原阳光辐射大，石棉瓦的使用寿命更短，不如天然石板瓦结实牢固。此外，新建的民居则多使用水泥或空心砖等建材，盖平顶形式的房屋。

▲ 图3-32　嘎德村民居的院落

▲ 图3-33　嘎德村村旁小庙外观

▲ 图3-34　嘎德村村旁小庙内部构造

▲ 图3-35　嘎德村民居的石板瓦屋顶

（4）富民县车完村——整体风貌完好的山地民居

车完村是调查过程中唯一步行进入的山村，由于地处偏远，其民居建筑群的整体风貌保存非常完好。村落选址在坡度较大的山地，受地形限制，很少有完整的合院式民居，有院落的民居其布局也不规则，多为L形围合院落。大部分人家仅有一座两层的主屋。这些独栋的主屋常在两端加建半间厢房，远观像是一座座整体造型丰富的组合建筑。

民居建筑的基础为毛石砌筑，后墙及山墙多以土坯砌筑，且略有收分。有些房屋的山墙面封顶，有些则砌筑到串枋下皮，露出木构架以通风。房顶为悬山形式，举折平缓，前后出挑及两山出际均较大，突出的檩枋端头挂板瓦防护。目前修缮和新建民居大多以石棉瓦替代筒瓦。

▲ 图3-36　车完村民居群落的整体风貌

▲ 图3-37　车完村民居院落的内部空间

▲ 图3-38　车完村民居的山墙、屋顶及构架

Chapter 4

第4章 价值评估分析

◀富民县罗克镇大麦竜村

4.1 评价指标体系

4.1.1 评价原则

1. 公平性原则——全面覆盖不同层面、类别的价值要素

昆明市域内地形地貌类型丰富，多个少数民族杂居相处，各区县社会发展程度不同，因此，市域范围内传统风貌村镇的价值要素类型多样，其保护程度均不相同。因此，评价指标体系要充分尊重昆明市域传统风貌村镇的实际情况，对不同层面、不同类别的价值要素统筹评估，并根据不同类别指标的重要程度赋予合理的分值，尽量使评估结果做到公平和客观。

2. 可操作原则——以定性评估为主，辅以合理的定量评估

本次实际调查村镇的数量较大，很多调查村镇的基础数据不全，甚至完全没有数据。因此，评价指标体系以定性评价指标为主，辅以合理的定量指标。定性指标的描述要尽量细致准确；定量指标则要基于实际，具有可操作性，其目的是让定性指标的界定范围更为清晰。

4.1.2 使用说明

本评估体系是由物质和非物质两个层面的指标构成，同时还将其分为基础指标和提升指标两个类别进行评价（总分为150分）。

1. 物质层面的基础评价指标（满分为80分，代号为A）

该部分指标是对村镇选址、群落格局、总体风貌，以及对土地、水体等诸多自然资源的合理有效利用等宏观层面价值要素进行评估，采取综合分级的评估方式，是评价指标的基础性指标。所有调查村镇的价值评估均以该项指标的评估结果为基础，符合某一级别描述的村镇，则据此得出相应的评估分数。

2. 物质层面的提升评价指标（满分为50分，代号为B）

该部分指标是对片区内传统风貌建筑的总量及其分布情况、传统街巷、传统建筑、文物保护单位和历史环境要素等中、微观层面价值要素进行评估，采取分项叠加的评估方式，是评价指标体系的提升性指标。满足其中某项或某几项指标描述的村镇，则分别相应增加其分值。

3. 非物质层面的提升评价指标（满分为20分，代号为C）

该部分指标是对村镇历史沿革、承担职能、非物质文化遗产和民族或地域特色文化等方面价值特色要素进行评估，亦采取综合分级的评估方式，是评价指标体系的提升指标。符合某一级别描述的村镇，则相应增加其分值。

4.1.3　物质层面基础评价指标（满分80分，代号为A）

◆ 物质层面基础评价指标　表4-1

总体选址格局和风貌综合价值评价指标	
评估内容	**主要评估项目**
村镇选址	选址特征；与环境的和谐度
群落格局	规模；地域特色、民族传统的典型代表性；完整性
整体风貌	风格统一；传统风貌继承的完整性
各级别综合描述	**级别代号**
村镇选址与周边自然环境和谐呼应；村落具有一定规模（30户以上），依山就势定位，村镇在自然环境和传统生产生活方式的共同作用下，形成了具有一定地域代表性或民族典型性的格局特征，且格局整体性保存较好；村镇整体风貌完整统一，没有或仅有10%以下破坏风貌的新建建（构）筑；其土地、山地、林地、水体、物产等自然资源得到合理有效利用	优秀 80分 （A1）
村镇选址与周边自然环境之间和谐呼应；村镇格局在自然环境和传统生产生活方式的共同作用下，形成了具有一定地域代表性或民族典型性的格局特征，但受到新规划或建设项目影响，其格局整体性保存一般；村镇整体风貌受到一定程度破坏（破坏风貌的新建建（构）筑不超过村镇建筑总量的40%）；其土地、山地、林地、水体、物产等自然资源未完全得到合理有效利用	较好 60分 （A2）
村镇选址与周边自然环境之间较为和谐；村镇格局无明显特征，或原有格局因新规划建设项目影响，其完整度受到较大程度破坏；村镇整体风貌破坏较大，有较多破坏风貌的新建建（构）筑（破坏风貌建筑超过村镇建筑总量的50%）；其土地、山地、林地、水体、物产等自然资源利用情况较差，或其利用方式对生态环境具有破坏影响	一般 40分 （A3）

4.1.4 物质层面提升评价指标（满分50分，代号为B）

◆ 物质层面提升评价指标 表4-2

片区、街巷、建筑、环境要素分项评价指标	
评估内容	主要评估项目
片区范围内传统风貌建筑的数量和分布	是否集中连片；破坏风貌建筑所占比例
传统商贸街巷或主干街道	是否保持原有风貌；性质；规模；完整性
传统建筑	建筑风格、材料及工艺是否具有地方或民族典型代表性；现有保存建筑的质量
各级文保单位	数量、原真性、完好度

各项具体描述	各项代号
村镇内有大量传统风貌的民居建筑（包括近现代按传统风貌建造的民居建筑），并且分布集中连片（片区范围内传统建筑所占比例不低于80%）	B1 10分
村镇内有一条以上（含一条）保存良好的传统商贸街巷或主干街道。具体指沿街建筑中，风貌冲突的新建建筑不超过总量的30%；或街巷虽经立面改造失去原有风貌，但其空间尺度尚完整地保留，且沿街建筑仍为传统结构形式	B2 10分
村镇内有5处以上（含5处）保存良好的传统建筑。具体指建筑的结构、构造、技艺、工法和材料等方面具有一定地域或民族的代表性特征，且其院落格局保存较完整，没有或仅有少量破坏风貌的改（扩）建工程，建筑整体质量保存较好	B3 10分
村镇建设区内有3处以上（含3处）文物保护单位，包括各级文保和不可移动文物点	B4 10分
村镇建成区周边有多处保存较好的历史环境要素，包括古树、古塔、古桥、牌坊、石磨、古井、照壁等，以及其他反映历史环境的建筑小品等	B5 10分

4.1.5 非物质层面提升评价指标（满分20分，代号为C）

◆ 非物质层面提升评价指标 表4-3

社会职能、历史文化等方面综合评价指标	
评估内容	主要评估项目
历史沿革	村庄建成年代的久远度、社会地位及其影响力
历史职能	是否承担重要历史职能，如驿站、卫所、屯堡等

续表

社会职能、历史文化等方面综合评价指标	
评估内容	主要评估项目
非物质文化遗产	是否有诸如礼仪制度、民俗活动、手工技艺等非物质文化遗产，活态传承
民族文化	典型性，活态传承

各级别综合描述	级别代号
村镇同时具备2项以上（包括2项）下列评价指标： 1. 村镇建成时间较早，有较长的发展建设历程 2. 曾承担过重要的历史职能，如古驿道节点、驿站、卫所等 3. 有1项以上（含1项）各类非物质文化遗产，并有明确的传承人或相应的活动场所 4. 具有典型代表性的民俗文化娱乐活动及手工工艺，或特殊餐饮等	优秀 20分 （C1）
村镇拥有上述评估内容中的一项	较好 10分 （C2）

4.2 认定保护名录

4.2.1 保护名录分级认定标准

依据本报告第4.1章节对“昆明市传统风貌村镇评价指标体系”的研究成果，工作组从村落整体风貌、村落内部的传统片区、历史街巷、传统民居建筑、文物保护单位、历史环境要素和村落的社会职能、历史文化等多方面，对136个实地调查的村镇进行了综合价值的评估。依据评估结果并参照实际调查的情况，评估分数为70分以上（含70分）的村镇，其传统风貌及综合文化价值较高，被列入“昆明市传统风貌村镇保护名录”；评估分数低于70分的村镇，其传统风貌及综合文化价值一般或较低，不列入本次调查的保护名录。

同时，依据评估成绩的高低，入选的村镇具体又分为两个级别：

1. 一级传统风貌村镇

指评估成绩为100分以上（含100分）的村镇。该类村镇较为完好地保留了传统风貌，或拥有多项传统民居建筑、历史街巷、文物保护单位等构成传统风貌的要素，或拥有多项非物质层面的价值要素。综合而言，一级传统风貌村镇，整体风貌完好、价值要素众多，具有很高的综合价值。

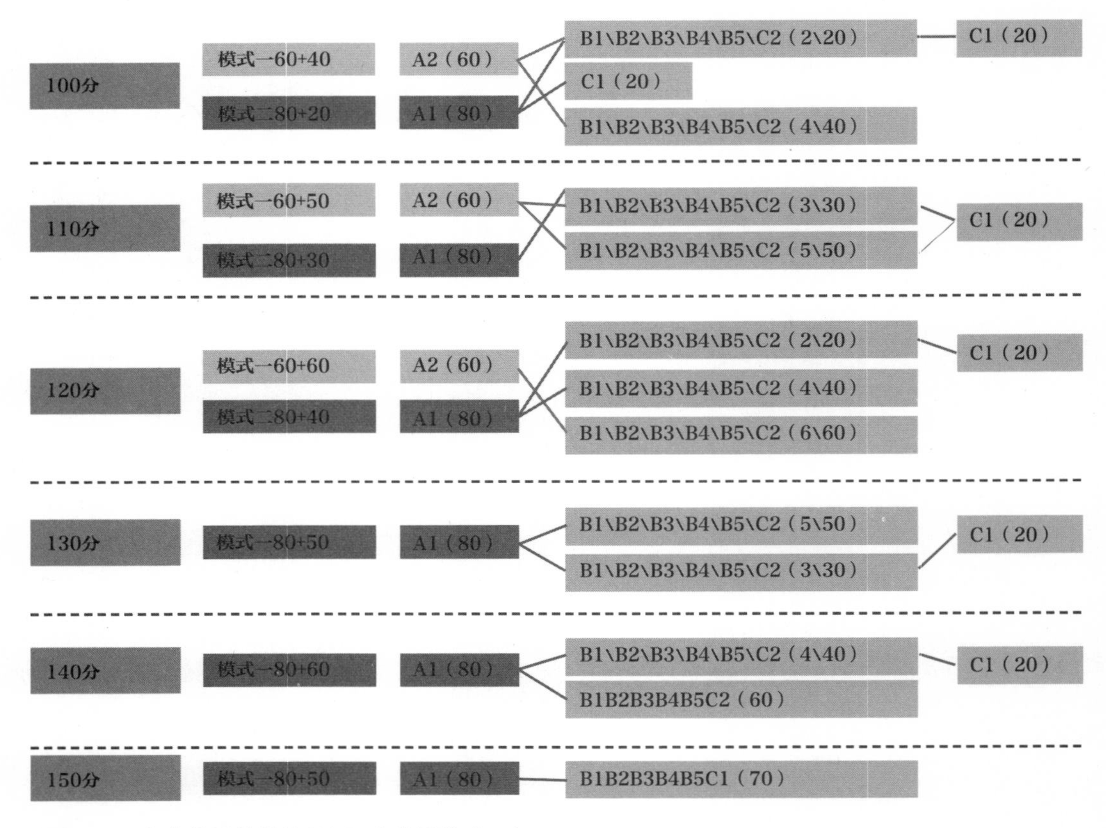

▲ 图4-1　一级传统风貌村镇理想评估结果模型示意

2. 二级传统风貌村镇

指评估成绩为70分以上（含70分），低于100分的村镇。该类村镇传统风貌的完整度受到一定程度的破坏，或拥有传统民居建筑、历史街巷、文物保护单位等构成传统风貌的要素，或拥有非物质层面的价值要素。综合而言，二级传统风貌村镇，整体风貌一般，拥有一定价值要素，具有较高的综合价值。

此外，评估成绩在60分以下（含60）的村镇，其村镇传统风貌的完整度已经受到一定程度的破坏，甚至破坏严重。村镇建成区内并无构成传统风貌的物质性价值要素和非物质性价值要素。因此，暂不列入传统风貌村镇名录。

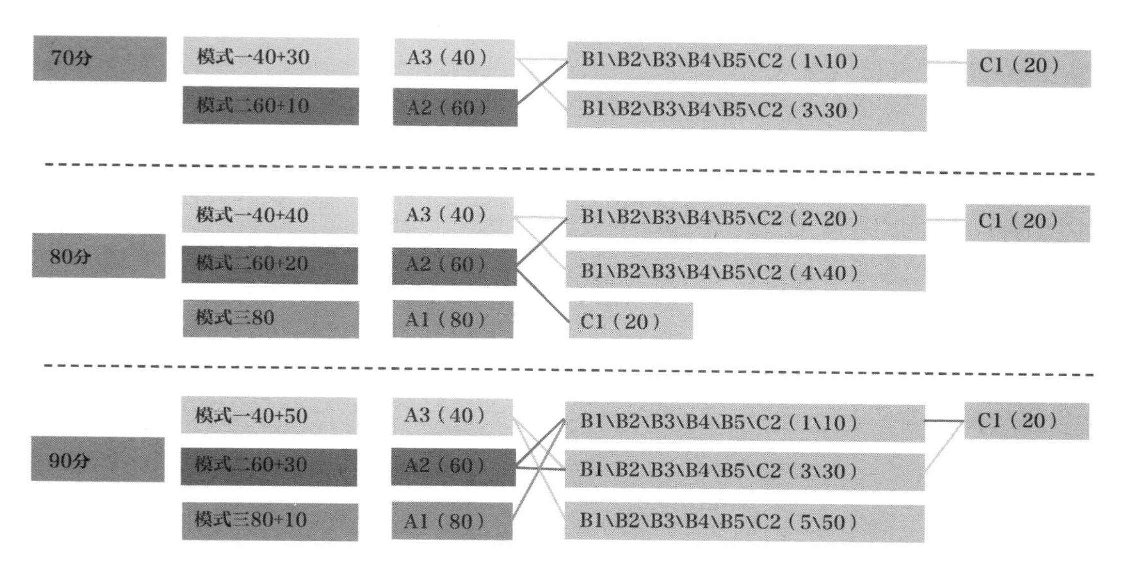

▲ 图4-2　二级传统风貌村镇理想评估结果模型示意

4.2.2　一级传统风貌村镇名录

一级传统风貌村镇的总数为42个，其中安宁市2个；晋宁县12个；宜良县5个；石林彝族自治县3个；东川区2个；禄劝彝族苗族自治县3个；寻甸回族彝族自治县2个；富民县5个；嵩明县4个；西山区4个。

◆ 一级传统风貌村镇名录　表4-4

序号	所在区县	乡镇名称	村镇名称	分数	价值类型	备注
1	安宁市	县街街道	小红祥村	100	A1B1B3	
2	安宁市	八街街道	龙洞村	100	A1B1B3	
3	晋宁县	夕阳彝族乡	鲁企祖村	100	A1B1B3	
4	晋宁县	夕阳彝族乡	打黑村	100	A1B1B3	中国传统村落
5	晋宁县	夕阳彝族乡	一字格村	120	A1B1B3C1	
6	晋宁县	夕阳彝族乡	木鲊村	110	A1B1B2B3	中国传统村落
7	晋宁县	夕阳彝族乡	双河营村	110	A1B1B2B3	
8	晋宁县	双河彝族乡	田坝村	100	A1B1B3	中国传统村落
9	晋宁县	双河彝族乡	核桃园村	100	A1B1B3	

续表

序号	所在区县	乡镇名称	村镇名称	分数	价值类型	备注
10	晋宁县	六街镇	新寨村	110	A1B1B3B5	中国传统村落
11	晋宁县	晋城古镇	—	110	A2B1B3B4C1	
12	晋宁县	六街镇	三印村	110	A1B1B2B3	
13	晋宁县	昆阳街道办	青龙村	100	A1B1B3	
14	晋宁县	二街镇	锁溪渡村	100	A1B1B3	
15	宜良县	竹山镇	徐家渡村	130	A1B1B2B3C1	
16	宜良县	竹山镇	大路田村	100	A1B1B3	
17	宜良县	九乡彝族回族乡	义民村	100	A1B1B3	
18	宜良县	竹山镇	白尼莫村	100	A1B1B3	
19	宜良县	竹山镇	团山村	100	A1B1B3	
20	石林彝族自治县	鹿阜镇	—	100	A2B1B2B3B4	
21	石林彝族自治县	圭山镇	海宜村	110	A1B1B3B5	
22	石林彝族自治县	圭山镇	糯黑村	100	A1B1B3	中国传统村落
23	东川区	铜都街道	嘎德村	100	A1B1B3	
24	东川区	铜都街道	箐口村	100	A1B1B3	
25	禄劝彝族苗族自治县	屏山街道	西村	110	A1B1B3B5	
26	禄劝彝族苗族自治县	翠华镇	者广村	100	A1B1B3	
27	禄劝彝族苗族自治县	转龙镇	小新村	130	A1B1B3B4C1	
28	寻甸回族彝族自治县	柯渡镇	丹桂村	120	A1B1B2B3C2	
29	寻甸回族彝族自治县	先锋乡	木龙马村	100	A1B1B3	
30	富民县	永定街道	车完村	110	A1B1B3B4	
31	富民县	赤鹫镇	平地村	130	A1B1B2B3B5	
32	富民县	赤鹫镇	咀咪哩村	100	A1B1B3	

续表

序号	所在区县	乡镇名称	村镇名称	分数	价值类型	备注
33	富民县	罗免镇	田心村	100	A1B1B3	
34	富民县	散旦镇	廖营村	100	A1B1B3	
35	嵩明县	杨桥乡	桃花庵村	100	A1B1B3	
36	嵩明县	牛栏江镇	大平地村	100	A1B1B3	
37	嵩明县	牛栏江镇	野猪塘村	100	A1B1B3	
38	嵩明县	牛栏江镇	田坝村	100	A1B1B3	
39	西山区	团结乡	大乐居村	120	A1B1B2B3B4	
40	西山区	团结乡	上律则村	100	ABB2B3	
41	西山区	团结乡	核桃箐村	100	A1B2B3	
42	西山区	谷律彝族白族乡	岔河村	100	A1B2B3	

◆ 一级传统风貌村镇价值特色概述　表4-5

序号	村镇名称	村镇主要价值特色概述
1	小红祥村	村内传统风貌建筑保存较好，山水格局优越，旅游资源丰富。村内有保存完好的李宅（四天井院落），及成片“一颗印”典型院落（李家祠堂）
2	龙洞村	是彝族人口聚居地，村民中约90%为彝民，并且村庄里还保存了很多的彝族居民的生活风俗和一些具有彝族风格的建筑物。同时，昆明首个综合革命历史教育展览馆就坐落在龙洞村，该馆占地千余平方米，展出革命历史实物近百件
3	鲁企祖村	村内传统建筑保存完好，具有典型的彝族特色，街巷格局与地形的起伏协调，街巷空间层次也随之丰富
4	打黑村	列入少数民族特色村寨试点示范（市级彝族文化保护区）。村中的古民居，是夕阳彝族乡彝族建筑的典型代表。整体保存情况良好
5	一字格村	背倚马鹿山，始建于明代，距今已600余年历史，为彝族聚居之地。地势较高，被誉为夕阳彝族乡“中国画里的乡村”。整个村子呈“斗盆”型结构布局，有两条茶马古道穿过。部分古民居建筑的门头雕刻精细优美

续表

序号	村镇名称	村镇主要价值特色概述
6	木鲊村	建于清代，是夕阳彝族乡彝族建筑的典型代表，历史遗存集中。整座村落依山而建，随地势逐渐升高，各建筑、街巷地势差别较大。村内有集中成片的传统民居建筑，风格统一，装饰精美，建筑多以石基、夯土墙、木构架组成。村内有多条传统风貌的历史街巷，基本保持了原有空间格局及比例尺度
7	双河营村	彝族村寨，村内传统风貌建筑保护较好，且较为集中。多条清代石板路至今沿用，建筑装饰精美
8	田坝村	历史悠久，文化积淀深厚。村落依山傍水，美丽的九村河穿境而过，环境优美。村庄整体风貌保存完好，历史格局清晰，是典型的彝族村寨
9	核桃园村	彝族村寨，建筑风格融合彝族、汉族的特点，村内保存完整“一颗印”院落。整体风貌保存较好
10	新寨村	村庄依山而建，自然风光秀美，古树名木众多。建筑风格多以典型“一颗印”形式四合院为主。建筑装饰独特，具有当地民族特色纹饰，大多保存完整，部分建筑石刻纹饰精美，具有一定的历史价值
11	晋城古镇	由老城的上西街、下西街、关井街等八条街道组成田字形附以数十条小巷的格局，据说乃自明万历年间留存至今。街巷间保留着的民居院落，多为干栏式、“一颗印”式建筑形式。“一颗印”多采用三间四耳及两间两耳四合院布局。镇区内还保存着4处古井，拥有国家级非物质文化遗产“乌铜走银”的技艺及传承人
12	三印村	传统风貌保存较好，村内新旧区明显，新区建筑保留传统建筑风格，旧区历史建筑仍有原住民居住，建筑形制规整、装饰精美
13	青龙村	青龙村是昆阳街道唯一的彝族村寨，传统建筑保存完整，为传统的土木结构，夯土墙，瓦屋面。部分路面和巷道为石头铺设，富有传统特色
14	锁溪渡村	彝族村寨，整体格局完整，传统建筑形制保存完好，且集中成片
15	徐家渡村	村庄建于临江河谷，滇越铁路穿村而过，明清时期水路交通便利。建筑建于清代，民居四合院式“一颗印”布局。村内至今还保留民国街一条，沿街为部分清代、民国时期的民居建筑和老街道铺面等，传统建筑保存较好
16	大路田村	依山而建，是一个典型的彝族村落，村民中约90%为彝民，周围青山环抱，环境幽美。村内传统风貌建筑保存了彝族风格，保存情况较好
17	义民村	整体风貌保存完好，大部分街巷仍然保留着明清时期的青石板路
18	白尼莫村	村内传统建筑保存较好，风貌协调统一

续表

序号	村镇名称	村镇主要价值特色概述
19	团山村	村庄依山而建，整体风貌较好，历史格局和肌理完整、清晰，周边环境优美
20	鹿阜镇	鹿阜镇原为路南州州府，历史悠久，是一座集商业、政治及文化为一体的古镇。古镇内现存历史格局完整，保存了三条明清古商业街、多条历史街巷以及大量历史古建筑院落，体现了明清时期昆明周边商贸古镇的特色
21	海宜村	彝族撒尼人聚居村寨。至今保存着撒尼人传统的生产生活、宗教信仰、民间习俗、传统节日等习俗。整体风貌保存完好，环境优美。村内有县级文物保护单位
22	糯黑村	彝族撒尼人聚居村寨。建于1398年，迄今已有610年的历史。原属陆凉州落温所，是古驿道的必经之路
23	嘎德村	传统民居集中成片且保存较好。“汪家箐石板房”历史悠久，建筑形式已被昆明市列为保护项目。村内古树名木众多，景色优美
24	箐口村	历史悠久，“石板房”集中成片，风貌较好
25	西村	纯彝族村寨，背山面水，建筑形式统一，保存较好，规模较大
26	者广村	村落选址在群山怀抱的平原中，风景十分优美。村内民居形式多样，有保存较好的典型“一颗印”形式建筑
27	小新村	依托轿子雪山开发区，基础设施建设情况较好。村内有县级文物保护单位3处，集中成片的“一颗印”建筑形式保存较好，且规模较大
28	丹桂村	1935年4月红军长征途经云南时，毛主席和中央红军总部在此。村内有两处国家级文物保护单位、多处第三次文物普查确定的不可移动文物点
29	木龙马村	纯彝族村寨，村寨依山而建，建筑形式统一，风貌较好，传统民居保存较为完整
30	车完村	纯彝族村寨，背依高山，建筑错落有致，至今保留原始生活方式，传统建筑形式完整保存且集中成片，古树众多
31	平地村	村内连接三道古寨门的道路为青石铺筑而成，青石板路始建于清代，后经多次增修，目前全长420米，为县级文物保护单位。同时，现存多处始建于民国初年典型“一颗印”形式传统民居，形制完好（三间六耳）且有原住民居住，为县级文化保护单位
32	咀咪哩村	彝汉苗族混居村寨，依山而建，景色优美，与当地土质有关，村内保存有大量红土砖墙建筑，质量较好
33	田心村	村落传统格局保存较好，保存有大量传统民居建筑

续表

序号	村镇名称	村镇主要价值特色概述
34	廖营村	村落规模较大，村落格局保存完整，交通条件良好。保存有大量传统民居建筑，存在多个保存较好的合院式建筑
35	桃花庵村	村落依山而建，层叠错落，村南建有池塘，整体风貌保存较好。民居房屋为土木结构，大部分房屋建设于20世纪70年代，部分老屋超过百年，房屋质量较差。是一座苗族村落，共30多户
36	大平地村	该村山地布局，分为上下两村，中间有道路穿过，传统风貌很完整，极少新建民居，环境优美。村内建筑及街巷少量已经改造，但整体风貌与原风貌协调
37	野猪塘村	该村进村道路为土路，交通不便，建筑以土木结构为主，山地布局，传统风貌较好，格局完整。有多组维护较好的民居合院，村内街巷宽窄不一，保存完好。人居生态环境较差。村内传统特色建筑众多，但缺少合理有效的保护修缮措施
38	田坝村	依山而建，布局分为南北两区三个组团，新建很少，传统风貌完整。村内民居多为较开阔的“三合院”及完全开敞的“一字房”。部分传统建筑无人居住，破损情况严重。街巷格局、走向都延续历史，街巷空间高低错落，趣味性极强
39	大乐居村	依山而建，在严格保护之下，层叠错落的整体格局和历史风貌保存非常完整，民居大多为规整的“一颗印”形式。但目前村民都已搬离老村进入新区居住，古村处于“真空”的败落状态，房屋塌毁严重，一旁无序建设的新村却十分兴盛。村后最高处的大庙香火极盛，是古村唯一保存完整，得以活态传承的场所
40	上律则村	依山而建，地势陡峭，层层叠叠，颇有气势，平行的巷道间有磴道相连。全村约60余户，大多为老宅，新建极少，仅4~5户，整体风貌保存完整。村落中的老宅大多有人居住，维护较好
41	核桃箐村	依山而建，三层平行巷道，上下有磴道相连。整体风貌较为完整，新建较少，仅5~6家，都位于村落边缘。民居多为“一颗印”、“半颗印”形式，组合灵活多样，山墙处保护出挑檩头的悬鱼较为精美。民居内多有人居住，民风淳朴
42	岔河村	布局独特，分为两个组团，一组依山而建，层叠错落。一组分布于山旁小山的顶部，盘环聚集。整体风貌保存完整，新建较少，多位于村落边缘。村落民居多为“一颗印”形式，有些民居已逾百年，大多有人居住维护

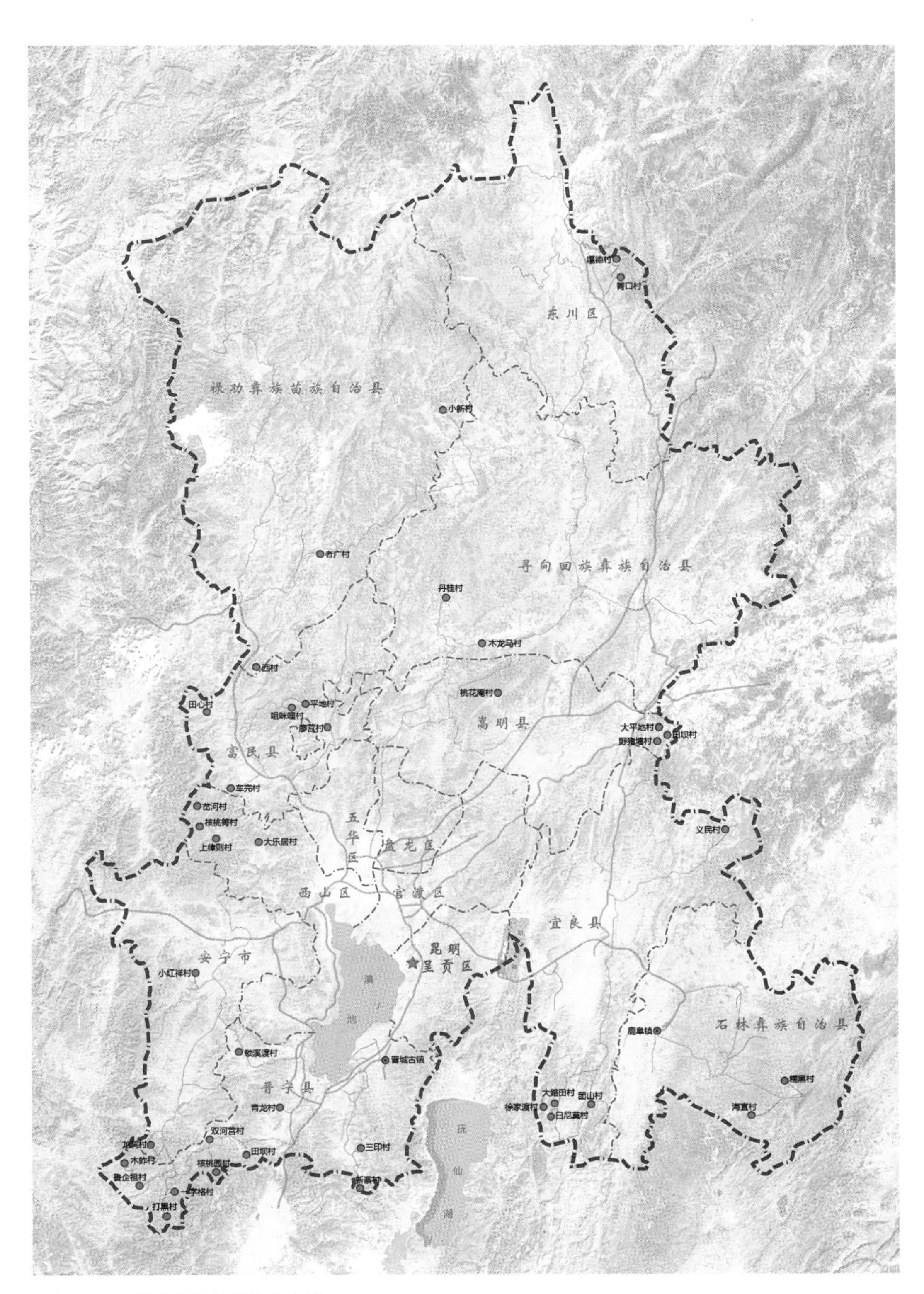

▲ 图4-3　一级传统风貌村镇分布图

4.2.3 一级传统风貌村镇档案举隅

1. 石林彝族自治县鹿阜镇

（1）村镇概况

鹿阜镇原为路南州州府，历史悠久，是一座集商业、政治及文化为一体的古镇。鹿阜古镇的建设从唐天宝元年起至今，已形成了具有一定规模的江南汉族民居建筑风格与本地特色相结合的民居建筑群，现存历史格局完整。古镇四周有城墙、护城河等防御设施。城墙上城楼耸立，城墙内街道和巷道相互交错。现存三条明清古商业街，街道、巷道皆以当地自然石板铺就。街道呈丁字形，体现了明清时期昆明周边商贸古镇的特色。

（2）文保单位、传统建筑及历史街巷现状

鹿阜镇现有3处县级文保单位，1处市级文保单位。古镇区的街巷基本保留着原有的格局和尺度，街巷基本沿用历史名称，部分保留传统石板路面，大部分地段路面材质改为水泥。街巷立面的大部分建筑保存传统形制，但有一定程度临建、新建、改建，采用现代水泥建造，造成沿街风貌的破坏。

（3）保护、发展情况

鹿阜镇老镇区内民居及商业建筑拆改和新建与传统风貌不协调，色彩与风格均与传统建筑相冲突，历史区格局的完整性和院落的完整性均遭受破坏。老镇区现存历史民居院落中大部分仍有居民居住，凡是有居民居住的，院落得到维护，建筑保存较好，部分历史院落由于居民迁出缺乏维护，建筑破损严重，特别是几个重点院落现没有居民居住，院落衰败，也面临建筑破损毁坏问题。

▲ 图4-4　石林彝族自治县鹿阜镇（组图）

2. 晋宁县夕阳彝族乡打黑村

（1）村镇概况

打黑村始建于元代，依山而建，半月古村，是夕阳保存彝族传统民居较完整的村落之一，也是昆明市规划的主要彝族保护区。村内历史村落风貌保存良好，空间宜人，居住环境质量较佳，山林、农田占绝大多数比例，周边自然环境良好。由于历史上部族社会结构和内争外患，形成彝族传统住宅的"聚族而居"、"据险而居"、"靠山而居"三大特点。整体来说，传统村落肌理清晰，格局完整，具有较高的历史价值和审美价值。

（2）文保单位、传统建筑及历史街巷现状

打黑村整体呈半月形布局，以一条古街为主轴，旁生里巷，即"大街—小巷"的两级交通体系，形成"鱼骨状"的街巷格局。村中布局的古民居，是夕阳彝族乡彝族建筑的典型代表。

（3）保护、发展情况

打黑村处于晋宁县最南端，交通条件较差。村民思想观念相对落后，文化素质偏低，文化层次不高，懂经营、会管理的人少，其保护意识比较淡薄，亟待加强村民文化素质建设。

▲ 图4-5 晋宁县夕阳彝族乡打黑村（组图）

3. 宜良县竹山镇徐家渡村

（1）村镇概况

徐家渡村建于临江河谷，滇越铁路穿村而过，建筑风貌延续历史四合院式布局，东面为临街铺面，现存建筑多建于清代，以“一颗印”式民居为主。该村的民国老街保存较为完整，风貌、形式延续历史风格。

（2）文保单位、传统建筑及历史街巷现状

村内现存部分清代、民国时期的民居建筑和老街道铺面等传统建筑。除部分屋面及梁架腐朽外，均保持原貌，其雕花门、窗及小木作构件，木质栏杆、吊柱等雕饰均保存较好，有较高的历史艺术价值。

（3）保护、发展情况

徐家渡村处于宜良县南部山区，交通极为不便，村内大部分村民都搬到新区，只有少数老人留在原村中，所以村内基本上处于“真空”状态，民居破损程度较为严重，危房较多，亟待修缮。

▲图4-6　宜良县竹山镇徐家渡村（组图）

4. 寻甸回族彝族自治县柯渡镇丹桂村

（1）村镇概况

丹桂村位于寻甸回族彝族自治县西南部，1935年4月红军长征途经云南时，毛主席和中央红军总部在此。1992年被确定为省近现代史及国庆教育基地，1997年被省委省政府命名为云南省爱国主义教育基地。人居环境较好，但基础设施较落后，有待完善。“中央红军总部驻地旧址”和“金沙江皎平渡口”入选国务院公布的第七批全国重点文物保护单位。同时，丹桂村有杨氏宗祠、清真寺、碉楼等一批三普不可移动文物点。

（2）文保单位、传统建筑及历史街巷现状

丹桂村传统风貌保存较好，是由寻甸回族彝族自治县柯渡镇人民政府组织，于2011年编制村庄建设规划的，但没有专项保护规划。红军长征纪念馆作为文物保护单位，保护情况较好。村落内的其他民居建筑由于缺少保护意识，加上长久少人居住、维护与维修的资金不足等原因，保护情况不容乐观。

（3）保护、发展情况

丹桂村距柯渡镇仅两公里，其优良的区位交通条件导致村内新建建筑增多。但丹桂村没有完整的保护管理体系，整体状况处于自然发展状态。

▲ 图4-7 寻甸回族彝族自治县柯渡镇丹桂村（组图）

5. 安宁市八街街道龙洞村

（1）村镇概况

龙洞村是典型的彝族村寨，地处安宁市南部山区，虽交通不便，但周边环境优美。该村大部分院落保存完整，但部分院落被人为拆除后兴建新建建筑，对村内整体格局造成了较大破坏。

（2）文保单位、传统建筑及历史街巷现状

龙洞村内现存一处关圣宫。1999年，云南省批准关圣宫为昆明首个革命历史教育博物馆。村内街巷宽窄不一，保存完好，且铺装形式整体仍为青石板路。村内传统建筑形式大多仍延续传统形制，其门窗木刻雕花极其精美，但很多房屋由于年久失修，部分建筑已经坍塌。

（3）保护、发展情况

该村地处偏远山区，经济水平较低，而且由于民族文化差异，村内发展有一定的封闭性，其彝族传统的生活习惯、方式沿袭至今。也正因如此，村民保护意识淡薄，缺乏相关的教育引导。

▲ 图4-8 安宁市八街街道龙洞村（组图）

6. **西山区团结街道大乐居村**

（1）村镇概况

大乐居村依山而建，整体风貌保存完整，但传统建筑破损情况严重，30%以上的民宅已经塌毁；目前仅山脚下交通便利的五六户人家有人居住，房屋维护较好。

（2）文保单位、传统建筑及历史街巷现状

民居合院以“一颗印”为主，但基本已无人居住，村落最顶处有大庙，为本村的中心，分为上下两层，上层为佛教寺庙，下层为本主教寺庙，逢初一、十五村民们来此上香，香火极盛，上香者多为中年彝族妇女。

（3）保护、发展情况

大乐居村整体风貌保存完整，村内大部分村民都搬到新区，只有少数老人留在原村中，所以村内基本上处于“真空”状态，一边是无序建设下的新村的兴盛，一边是严格保护下的老村的败落。

▲ 图4-9　西山区团结街道大乐居村（组图）

4.2.4　二级传统风貌村镇名录

二级传统风貌村镇的总数为57，其中安宁市4个；晋宁县5个；宜良县6个；石林彝族自治县5个；东川区6个；禄劝彝族苗族自治县4个；寻甸回族彝族自治县7个；富民县6个；嵩明县2个；西山区5个；官渡区3个；五华区1个；昆明阳宗海风景名胜区1个；昆明滇池国家旅游度假区1个；昆明国家高新技术开发区马金铺片区1个。具体名单见表4-6。

◆ 表4-6

序号	所在区县	乡镇名称	村落名称	分数	价值类型
1	安宁市	八街街道	招霸村	90	A1B1
2	安宁市	禄脿街道	禄脿村	90	A2B1B2B5
3	安宁市	八街街道	磨南德村	70	A2B1
4	安宁市	温泉街道	后山岚村	80	A2B1B2
5	东川区	铜都街道	河里湾村	90	A1B1
6	东川区	汤丹镇	汤丹镇	80	A3B4B5C1
7	东川区	汤丹镇	烂泥坪村	70	A3B3C1
8	东川区	阿旺乡	拖潭村	70	A2B1
9	东川区	因民镇	牛厂坪村	70	A2B3
10	东川区	红土地镇	新田村	70	A2B1
11	富民县	永定街道	小水井村	90	A2B1B2C2
12	富民县	款庄镇	沈家村	90	A2B1B2B3
13	富民县	款庄镇	李子树村	70	A2B3
14	富民县	罗免镇	小糯枝	70	A2B1
15	富民县	罗免镇	杨家村	80	A1
16	富民县	罗免镇	岩子脚村	90	A1B3
17	晋宁县	晋城古镇	方家营村	80	A2B1B3
18	晋宁县	双河彝族乡	下庄河村	80	A2B1B3
19	晋宁县	六街镇	大庄村	80	A2B1B3
20	晋宁县	二街镇	朱家营村	70	A2B3
21	晋宁县	二街镇	大绿溪村	70	A2B5
22	禄劝彝族苗族自治县	屏山街道	硝井村	80	A2B2B3
23	禄劝彝族苗族自治县	翠华镇	官庄村	70	A2B1
24	禄劝彝族苗族自治县	茂山镇	大河边村	70	A2B1
25	禄劝彝族苗族自治县	转龙镇	大法期村	70	A3B1B5C2

续表

序号	所在区县	乡镇名称	村落名称	分数	价值类型
26	石林彝族自治县	板桥镇	板桥村	70	A2B5
27	石林彝族自治县	鹿阜镇	三板桥村	70	A2B5
28	石林彝族自治县	鹿阜镇	堡子村	70	A2B3
29	石林彝族自治县	石林镇	老挖村	80	A2B1B3
30	石林彝族自治县	石林镇	月湖村	70	A3B5C1
31	寻甸回族彝族自治县	塘子镇	易隆村	90	A2B1B2B3
32	寻甸回族彝族自治县	柯渡镇	可郎村	90	A2B1B3B4
33	寻甸回族彝族自治县	柯渡镇	磨腮村	70	A2B1
34	寻甸回族彝族自治县	甸沙乡	麦地心村	70	A2B1
35	寻甸回族彝族自治县	甸沙乡	洒井村	70	A2B1
36	寻甸回族彝族自治县	甸沙乡	萨米卡村	70	A2B1
37	寻甸回族彝族自治县	甸沙乡	田坝心村	90	A1B1
38	宜良县	竹山镇	老窝铺村	90	A1B1
39	宜良县	竹山镇	麦地山村	90	A1B1
40	宜良县	北古城镇	吕广营村	80	A2B1B3
41	宜良县	耿家营彝族苗族乡	土官村	80	A2B1B3
42	宜良县	匡远镇	匡远老街	80	A3B2B3C1
43	宜良县	竹山镇	禄丰村	80	A2B1B3
44	嵩明县	杨桥乡	西山村	80	A2B1B3
45	嵩明县	牛栏江镇	古城村	80	A2B1B2
46	西山区	碧鸡镇	西化村	80	A2B1B2
47	西山区	团结乡	小乐居村	90	A1B3
48	西山区	团结乡	大哨村	80	A2B1B3
49	西山区	团结乡	白眉村	80	A2B1B3
50	西山区	团结乡	章白村	80	A2B1B3
51	昆明阳宗海风景名胜区	—	阿乃村	90	A2B1B3B5
52	昆明滇池国家旅游度假区	大渔片区	海晏村	80	A3B3B5C1
53	昆明国家高新技术开发区马金铺片区	马金铺乡	化成村	70	A3B2B3C2
54	五华区	厂口乡	上瓦恭村	80	A2B1B3
55	官渡区	大板桥街道办事处	小寨村	90	A1B1
56	官渡区	大板桥街道办事处	二京村	90	A1B1
57	官渡区	大板桥街道办事处	阿底村	80	A2B1B5

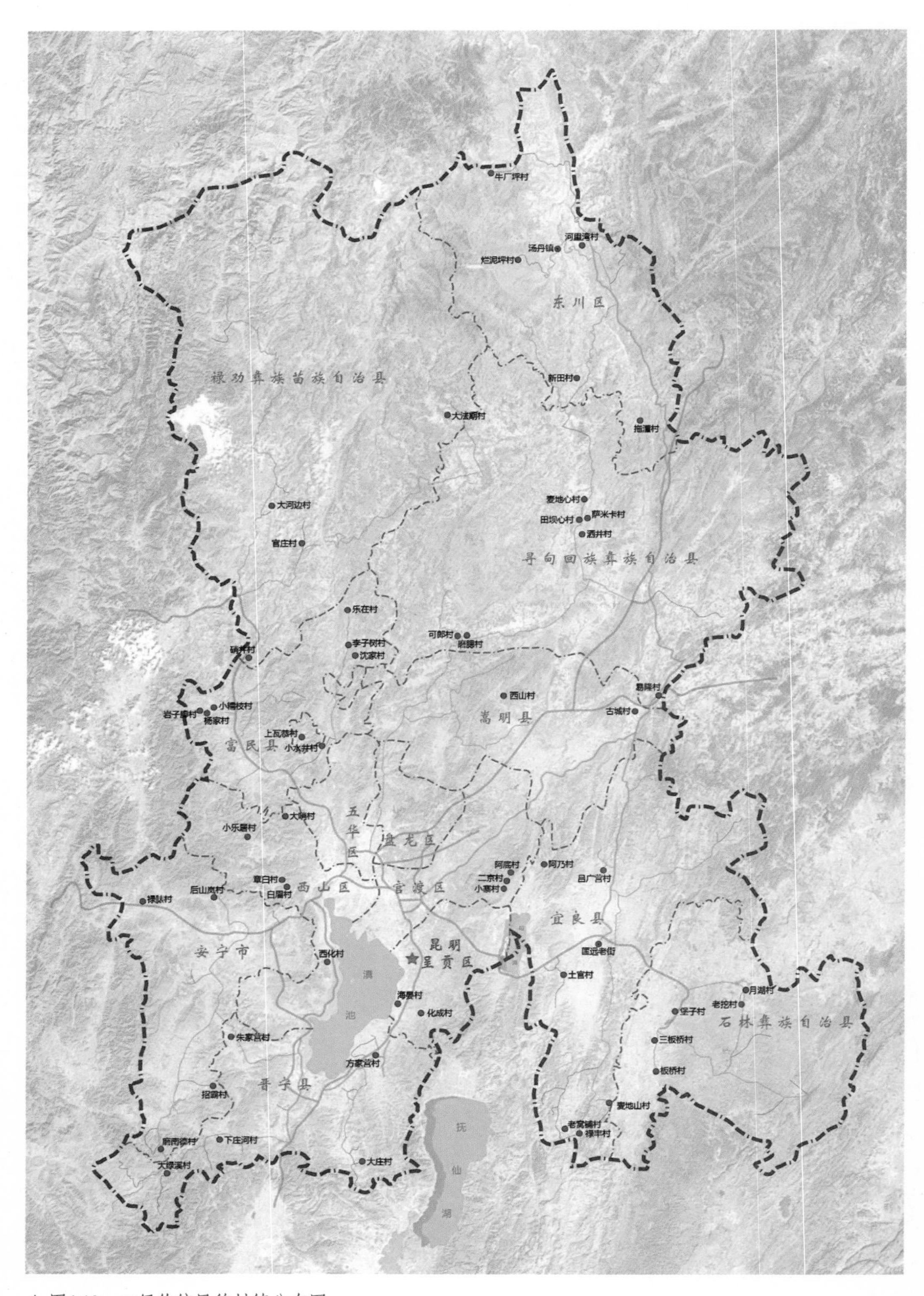

▲ 图4-10　二级传统风貌村镇分布图

4.2.5 二级传统风貌村镇档案举隅

1. 安宁市禄脿街道禄脿村

（1）村镇概况

禄脿村自有史记载，起于和平二年（公元前27年），至今已有2000余年，历史悠久，老街整体保存完整。在历史上禄脿既是村落、集市，又是古驿道，从唐代起，禄脿古驿道就成为“南方丝绸之路”的一个重要站口。凡从禄脿过往东西的官差、商贾、马帮、行路之人、赶考之人，必经禄脿老街通过。

（2）文保单位、传统建筑及历史街巷现状

禄脿村内建筑多为明、清时期建筑，并集中于老街两侧，用石头做基础，土木结构，瓦顶，不讲门向，全部临街开门，从东向西分为两排，右排坐北朝南，左排坐南朝北。户户有铺搭（廊柜），多数开单门，少数富有人家开双门，临街的正房，家家都是两层楼房。建筑整体仍保留了明清时的建筑风格，但残损程度较高，需继续整治修复。整体街巷格局除老街保存较好，其他已无法辨认。村口有一座保存完好的古桥——清风桥。

街道全长700多米，分为上、中、下三段，老街居民习惯称呼为“上节街、中节街、下节街”和“上节街、下节街”两种称呼法。

（3）保护、发展情况

禄脿村虽老街保存较好，但是全村整体破坏严重，老街周边被新建建筑包围，整体风貌破坏严重，加之对于传统建筑修缮及控制不利，其未来老街的保护也面临极大挑战。

▲ 图4-11　安宁市禄脿街道禄脿村（组图）

2. **寻甸回族彝族自治县塘子镇易隆村**

（1）村镇概况

村落区位交通优势明显，村落传统格局保持完整，村内清真寺、传统烤烟楼等建筑仍留存。村内有易隆完小学等设施，基础设施建设较为完善。

（2）文保单位、传统建筑及历史街巷现状

村内清真寺为县级文物保护单位，现保存较好，仍在使用。传统建筑多为一层或两层砖木结构建筑，立面多已经过修缮。部分现代风格的民居和商业建筑对风貌造成了影响。村内街巷基本已硬化，保持了传统尺度，并复建了门楼等标志性建筑。

（3）保护、发展情况

村落无保护规划，传统建筑得到了一定程度的修缮。村落产业发展单一，有一定的外出务工人员，造成空心化现象，村落发展动力不足。

▲ 图4-12　寻甸回族彝族自治县塘子镇易隆村（组图）

3. **西山区团结街道核桃箐村**

（1）村镇概况

核桃箐村依山而建，三层平行巷道，上下有磴道相连。整体风貌较为完整，新建较少，仅5～6家，都位于村落边缘。

（2）文保单位、传统建筑及历史街巷现状

民居多为“一颗印”、“半颗印”形式，组合灵活多样，山墙处保护出挑檩头的悬鱼较为精美。民居内多有人居住，民风淳朴。

（3）保护、发展情况

核桃箐村传统民居较为集中，外围有少量新建建筑，内部建筑保存较好，基本都有原住民居住。但部分建筑由于年久失修已经坍塌，亟待修缮。

▲ 图4-13 西山区团结街道核桃箐村（组图）

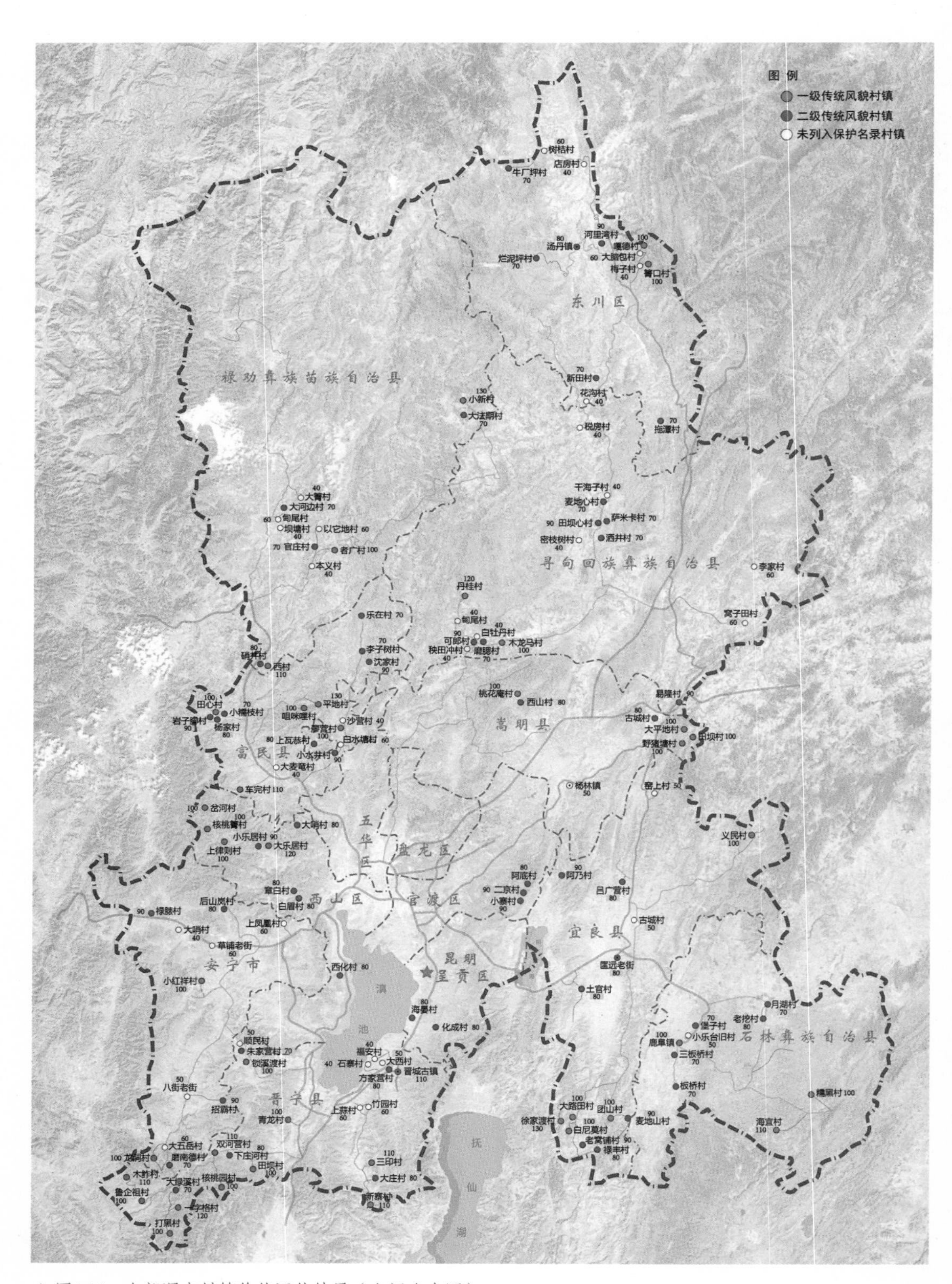

▲ 图4-14 全部调查村镇价值评估结果（空间分布图）

4.3 价值类型分析

4.3.1 一级传统风貌村镇价值类型分析

根据评估结果，一级传统风貌村镇共有11种价值类型，总体特征分析如下：

1．除晋宁镇外，全部一级传统风貌村镇的基础评估指标均为A1，即其选址格局、整体风貌及资源利用等方面评估结果为优秀（注：晋宁县晋宁镇基础评估指标为A2，即较好）。

2．全部一级传统风貌村镇都满足B1、B3两项提升指标要求，即全部一级村镇均拥有大量传统风貌民居，分布集中连片；同时，村镇拥有至少5座保存良好的传统民居建筑。

3．有6个村镇满足B2项指标，即村镇拥有至少1条保存良好的传统商贸街巷或主干街道。

4．有3个村镇满足B4项指标，即村镇拥有至少3座文物保护单位。

5．有5个村镇满足B5项指标，即村镇拥多处保存较好的历史环境要素。

6．有4个村镇满足C1项指标，即村镇拥有2项及2项以上的非物质层面价值要素。

7．有2个村镇满足C2项指标，即村镇拥有至少1项非物质层面价值要素。

8. 有8个村镇在基础评估指标较好（A1、A2）的前提下，同时满足3项提升指标，具有较高的综合价值，建议优先开展其保护工作。

9. 有7个村镇在基础评估指标较好（A1、A2）的前提下，同时满足4项提升指标，具有非常高的综合价值，建议近期优先开展其进一步研究和保护工作，同时建议近期申报评选国家、省级保护名录，并争取专项资金进行保护。

各价值类型村镇数量及名称见表4-7。

◆（一级传统风貌村镇）各价值类型村镇数量及名称　表4-7

<table>
<tr><th>类型代号</th><th>数量</th><th colspan="2">村镇名称</th></tr>
<tr><td rowspan="11">A1B1B3</td><td rowspan="11">27个</td><td>安宁市（2个）</td><td>县街街道小红祥村；八街街道龙洞村</td></tr>
<tr><td>晋宁县（6个）</td><td>夕阳彝族乡鲁企祖村、打黑村；双河彝族乡田坝村、核桃园村；昆阳街道办青龙村；二街镇锁溪渡村</td></tr>
<tr><td>宜良县（4个）</td><td>竹山镇大路田、白尼莫村、团山村；九乡彝族回族乡义民村</td></tr>
<tr><td>石林彝族自治县（1个）</td><td>圭山镇糯黑村</td></tr>
<tr><td>东川区（2个）</td><td>铜都街道嘎德村、箐口村</td></tr>
<tr><td>禄劝彝族苗族自治县（1个）</td><td>翠华镇者广村</td></tr>
<tr><td>寻甸回族彝族自治县（1个）</td><td>先锋乡木龙马村</td></tr>
<tr><td>富民县（3个）</td><td>赤鹫镇咀咪哩村；罗免镇田心村；散旦镇廖营村</td></tr>
<tr><td>西山区（3个）</td><td>团结乡上律则村、核桃箐村；谷律彝族白族乡岔河村</td></tr>
<tr><td>嵩明县（4个）</td><td>杨桥镇桃花庵村；牛栏江镇大平地村、野猪塘村、田坝村</td></tr>
<tr><td>A1B1B3C1</td><td>1个</td><td colspan="2">晋宁县夕阳彝族乡一字格村</td></tr>
<tr><td>A1B1B2B3</td><td>3个</td><td colspan="2">晋宁县夕阳彝族乡木鲊村、夕阳彝族乡双河营村、六街镇三印村</td></tr>
<tr><td>A1B1B3B5</td><td>3个</td><td colspan="2">晋宁县六街镇新寨村；石林彝族自治县圭山镇海宜村；禄劝县屏山街道西村</td></tr>
<tr><td>A2B1B3B4C1</td><td>1个</td><td colspan="2">晋宁县晋城古镇</td></tr>
<tr><td>A1B1B2B3C1</td><td>1个</td><td colspan="2">宜良县竹山镇徐家渡村</td></tr>
<tr><td>A1B1B3B4C1</td><td>1个</td><td colspan="2">昆明倘甸工业区转龙镇小新村</td></tr>
<tr><td>A1B1B2B3C2</td><td>1个</td><td colspan="2">寻甸回族彝族自治县柯渡镇丹桂村</td></tr>
<tr><td>A1B1B3B4</td><td>1个</td><td colspan="2">富民县永定街道车完村</td></tr>
<tr><td>A1B1B2B3B5</td><td>1个</td><td colspan="2">富民县赤鹫镇平地村</td></tr>
<tr><td>A2B1B2B3B4</td><td>1个</td><td colspan="2">石林彝族自治县鹿阜镇</td></tr>
<tr><td>A1B1B3B5C2</td><td>1个</td><td colspan="2">西山区团结乡大乐居村</td></tr>
</table>

4.3.2　二级传统风貌村镇价值类型分析

根据评估结果，二级传统风貌村镇共有18种价值类型，总体特征分析如下：

1. 二级传统风貌村镇的基础评估指标以A2为主，总数为32个，即二级村镇整体在选址格局、整体风貌及资源利用等方面保存较好。此外，还有7个村镇的基础评估指标为A1（优秀），有7个村镇基础评估指标为A3（一般）。

2. 有29个村镇满足B1项指标，即一半以上的二级传统风貌村镇都有大量传统建筑，且分布集中成片。

3. 有8个村镇满足B2项指标，即村镇拥有至少1条保存良好的传统商贸街巷或主干街道。

4. 有20个村镇满足B3项指标，即村镇拥有至少5座保存良好的传统民居建筑。

5. 有2个村镇满足B4项指标，即村镇拥有至少3座文物保护单位。

6. 有8个村镇满足B5项指标，即村镇拥多处保存较好的历史环境要素。

7. 有6个村镇满足C1项指标，即村镇拥有2项及2项以上的非物质层面价值要素。

8. 有2个村镇满足C2项指标，即村镇拥有至少1项非物质层面价值要素。

9. 有4个村镇在基础评估指标较好（A1、A2）的前提下，同时满足3项的提升指标，在二级传统风貌村镇中，具有较高的综合价值，应优先考虑其保护工作。

各价值类型村镇数量及名称见表4-8。

◆（二级传统风貌村镇）各价值类型村镇数量及名称　表4-8

价值类型	数量	村镇名村
A1B1	5个	安宁市八街街道招霸村；宜良县竹山镇老窝铺村、麦地山村；东川区铜都街道河里湾村；寻甸回族彝族自治县甸沙乡田坝心村
A2B1B2B5	1个	安宁市禄脿街道禄脿村
A2B1	10个	安宁市八街街道磨南德村；东川区阿旺乡拖潭村；禄劝彝族苗族自治县翠华镇官庄村；禄劝彝族苗族自治县茂山镇大河边村；昆明倘甸工业区红土地镇新田村；寻甸回族彝族自治县柯渡镇磨腮村；寻甸回族彝族自治县甸沙乡麦地心村、洒井村、萨米卡村；富民县罗免镇小糯枝村
A2B1B2	1个	安宁市温泉街道后山岚村
A2B1B3	7个	晋宁县晋城古镇方家营村；晋宁县双河彝族乡下庄河村；晋宁县六街镇大庄村；宜良县北古城镇吕广营村；宜良县耿家营彝族苗族乡土官村；宜良县竹山镇禄丰村；石林彝族自治县石林镇老挖村
A2B3	4个	晋宁县二街镇朱家营村；石林彝族自治县鹿阜镇堡子村；东川区因民镇牛厂坪村；富民县款庄镇李子树村

续表

价值类型	数量	村镇名村
A2B5	3个	晋宁县二街镇大绿溪村；石林彝族自治县板桥镇板桥村；石林彝族自治县鹿阜镇三板桥村
A3B2B3C1	2个	宜良县匡远镇匡远老街；高新产业园区（呈贡区）马金铺乡化成村
A3B5C1	1个	石林彝族自治县石林镇月湖村
A3B4B5C1	1个	东川区汤丹镇汤丹镇
A3B3C1	1个	东川区汤丹镇烂泥坪村
A2B2B3	1个	禄劝彝族苗族自治县屏山街道硝井村
A3B1B5C2	1个	昆明倘甸工业区转龙镇大法期村
A3B3B5CA	1个	滇池旅游度假区（呈贡区）大渔片区海晏村
A2B1B2B3	2个	寻甸回族彝族自治县塘子镇易隆村；富民县款庄镇沈家村
A2B1B3B4	1个	寻甸回族彝族自治县柯渡镇可郎村
A2B1B2C2	1个	富民县永定街道小水井村
A1	1个	富民县罗免镇杨家村
A1B3	1个	富民县罗免镇岩子脚村

4.3.3 传统风貌村镇价值特征总结

普遍特征：绝大多数传统风貌村镇的整体性保护情况都较好，即其基础评估指标类型以A1、A2为主（仅有7个村镇基础评估指标为A3）。在此基础上，昆明传统风貌村镇又可以总结出如下几项主要价值特征：

1. 71个村镇满足B1项指标，此类村镇保存了大量传统建筑，且分布集中连片。
2. 14个村镇满足B2项指标，此类村镇拥有至少1条保存良好的传统商贸街巷或主干街道。
3. 62个村镇满足B3项指标，此类村镇拥有至少5座保存良好的传统民居建筑。
4. 5个村镇满足B4项指标，此类村镇拥有至少3座文物保护单位。
5. 13个村镇满足B5项指标，此类村镇拥多处保存较好的历史环境要素。
6. 10个村镇满足C1项指标，此类村镇拥有2项及2项以上的非物质层面价值要素。
7. 4个村镇满足C2项指标，此类村镇拥有至少1项非物质层面价值要素。
8. 19个村镇在基础评估指标较好（A1、A2）的前提下，同时满足3项以上（含3项）的提升指标，具有很高的综合价值。

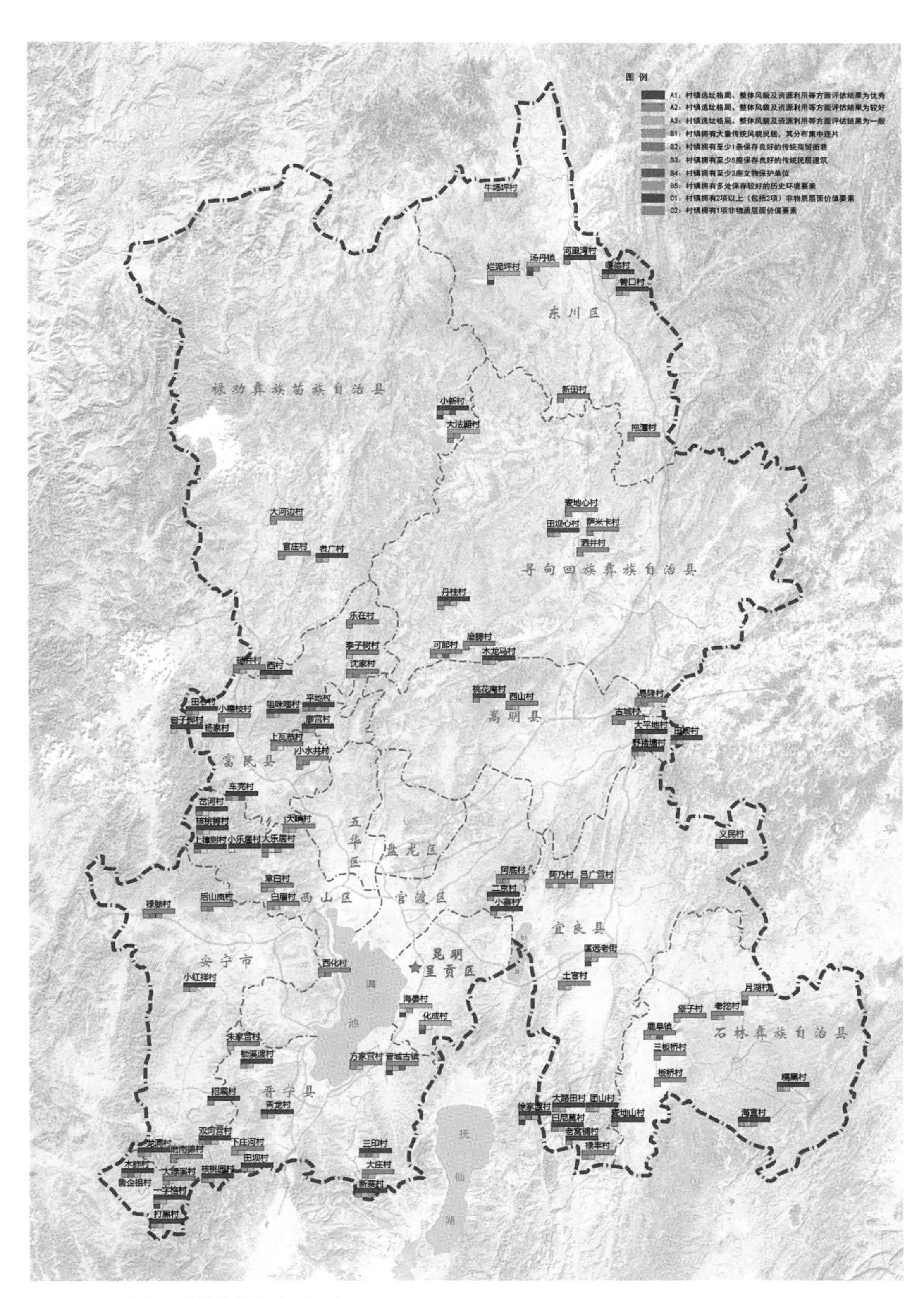

▲ 图4-15　传统风貌村镇价值类型分布图

Chapter 5

第5章

保护发展策略

◀宜良县竹山镇徐家渡村

5.1 现状问题总结

5.1.1 建筑的问题

传统建筑是构成传统风貌村镇的基本单元，是承载民族文化的物质载体。昆明市传统民居多采用生土、木材等天然材料，这些建材不仅容易获取、造价低廉，还有着适应本地自然气候的优势，其具体建造工艺也相对简单。因此，市域内很多村镇还在使用传统技法建造住宅。然而，随着社会发展，人们的生产生活方式已经发生改变，传承了几百年的传统民居建筑正面临着质量、功能等多方面的问题，如何应对这些难点，是当下保护、利用、传承发展传统风貌村镇的关键所在。

1. **传统民居建筑因质量差、功能落后，大量被空置或粗犷处理，破坏风貌**。

调查村镇的传统建筑都是使用木构架支撑，以生土夯筑或砌筑土坯砖墙作为围护墙体。在经历几十年甚至百余年的风雨后，很多传统民居虽有较好风貌，但质量已经很差，甚至已成危房，被主人空置；另有一些民居风貌质量均尚好，但因其采光不足或储藏空间不够等功能问题被粗犷改造，与建筑原有风貌极不协调。

2. **新建民居缺乏管理引导，与村镇传统风貌格格不入，建筑文化传承无从谈起**。

为提升房屋的坚实度，改善居住条件，在很多经济发展条件较好的村镇（一般位于交通要道或风景区周边），村民大多使用水泥、黏土砖和瓷砖等现代建筑材料建造房屋。但由于缺乏对于村镇传统风貌的整体管理，村民自建房屋随意性很强，其造型、体量、比例尺度、色彩、质感与村镇传统风貌大相冲突，原本承载民族文化传统风貌的村镇，而今变得支离破碎、面目全非。

5.1.2 规划的问题

调查发现，随着新区的发展和民居的随意建造，很多与自然环境协调呼应的村镇遭到了一定程度的破坏。虽然目前昆明市已经组织开展“村镇规划全覆盖”的工作，但却没有针对保护传统风貌村镇的发展规划。而保护利用规划的主要内容恰恰就是梳理村镇的价值特色，并有针对性地提出相应的保护和发展利用策略。

5.1.3 村镇发展的问题

1. **偏远村镇风貌好，生存条件落后，发展更新能力有限。**

由于地处偏远，道路交通条件差，很多村镇的经济发展水平很低，青壮年外出务工后，大多选择留在外地城市发展，村镇的“空心化”、“老龄化”现象严重。很多这样的村镇保留了较好的传统风貌，有大量传统民居。但留守村民仅限于维系基本生存，自我发展更新能力非常弱。

2. **区位条件好的村镇，缺乏对保护发展的引导，展示利用方式简单粗略。**

在经济基础较好、区位交通有一定优势的地区，很多传统风貌村镇形成了初步展示利用的意识，并已完成部分建筑的修缮和民俗文化展示工作，但其修缮方法和展示形式不规范，偏简陋，跟不上现代经济社会发展的需求。

3. **特殊历史文化资源和自然景观资源未被充分发掘和有效利用。**

通过调查发现，昆明市域内的传统风貌村镇大多拥有一些特殊的人文和自然景观资源，但未得到充分认知发掘，也没有为村镇的发展提供有效帮助。例如，有些村镇靠近著名的滇越铁路，有些村镇是古代重要的交通驿站，有些村镇拥有风貌完好的古商贸街，还有些村镇周边有着独特的自然环境景观（如：形式各异的梯田、高山峡谷等），均未加以挖掘整合，并立足于生产经济的视角予以展示利用。

5.1.4 观念认识的问题

由于传统风貌村镇的经济发展水平低，传统建筑质量较差，水电等基础设施不完善，大部分生活在里面的村民并不会认识到传统风貌村镇的价值，没有维护村镇风貌和保护传统建筑的意识。此外，大部分传统风貌村镇的领导也没有形成保护利用传统价值资源来发展产业经济的战略思想。

5.2 保护管理策略

5.2.1 管理制度策略

1. 建立依法管理依据

（1）公布《昆明市传统风貌村镇保护名录》。以政策文件的形式明确传统风貌村镇保护的对象。

（2）制定《昆明市传统风貌村镇保护管理办法》。以政策文件的形式明确传统风貌村镇保护管理的主体、保护发展的原则、具体保护内容、提出保护规划编制要求、明确规划审批制及其他相关制度和细则。

2. 明确保护管理的主体

昆明市传统风貌村镇的保护管理主体为各级住房和城乡建设主管部门。具体指昆明市住房和城乡建设局及各区县住房和城乡建设局。

3. 健全保护管理相关制度

（1）建立“传统风貌村镇规划备案及审批制度”。

（2）建立“传统风貌村镇定期动态检查制度”。

5.2.2 技术支持策略

1. 编制市域范围内传统风貌村镇的保护及发展体系规划

主要包括以下几方面内容：

（1）确定传统风貌村镇整体保护发展的目标。

（2）建立市域范围内传统风貌村镇的分级保护管理体系。重点保护一级传统风貌村镇，控制协调二级传统风貌村镇；明确重点保护村镇、保护范围及保护内容。

（3）构建市域范围内传统风貌村镇的保护与发展利用体系。建议结合村镇自身资源与所在区县的人文、自然资源，明确各自定位，统筹有序发展；同时，可将滇越铁路、滇缅公路、古驿道、自然山体等资源与古村落保护相结合，从点、线、面多方位构成村镇保护与发展体系。

（4）要在保护村镇传统风貌及其历史文化价值特色的前提下，分批、有序地迁并那些生存条件很差的散居户至较大的村镇定居，并逐步建设和完善公用工程设施和生活服务设施以改善人居环境。

2. 编制重要传统风貌村镇的保护发展规划

覆盖全部一级传统风貌村镇，编制保护与利用规划。规划需要明确保护范围、保护内容及保护措施，提出科学合理的保护发展方式。尤其要解决传统风貌村镇新旧两区协调发展的问题。

3. 传统建筑改善提升

编制《传统民居建造技术改良指导手册》。主要从建筑科学的角度，尽可能利用新技术、新工艺对原来的民居建材和工法提出改良技术措施，以提高传统房屋的坚实度和舒适性，这对于经济尚不发达的当地村镇有着重要的意义。具体做法例如：通过加入竹筋或固化剂等材料，提升夯土或土坯墙体的坚实度，以及通过规定科学的窗墙比例，使墙体在保证坚实的同时有更多的采光面积等等。这些技术改良措施将绘制成简明的图示，用于指导村民及传统民居所有人，按照延续地域和民族建筑特征的方法，修缮民居或新建民居（参考《故土新楼——四川抗震夯土农宅建造图册》）。

4. 新建建筑的管理引导

编制《传统风貌村镇新建民居指导手册》。针对经济收入较高，有意愿按照新材料、新工艺建造房屋的村民，提出多种可供选择的建筑方案。虽使用现代建材和工艺建造，但要通过精心的设计，使其形式、体量和韵致等方面均延续传统民居的文化特质，达到与村镇的整体风貌相协调的目的。

5.2.3　宣传教育策略

1. **开展基础培训课程**。对相关工作人员开展基本知识培训，尤其是对传统风貌村镇的领导干部进行培训，提升管理人员的基本认知和管理水平。

2. **编制文化宣传读本**。例如，通过编制《云南乡土文化读本》普及地域和民族文化知识，提高地域和民族文化的自豪感。

3. **增加新媒体宣传途径**。鼓励采用网络、广播电视等现代媒体方式，对昆明市传统风貌村镇进行宣传，提升社会的关注度。

5.2.4 资金投入策略

1. 积极争取国家和地方财政补贴资金

鼓励价值评估非常优秀的村镇积极申报“中国历史文化名镇名村”和“中国传统村落”名录，以及其他省、市相关保护地域特色或民族特色村镇的项目，争取国家和地方财政资金的补贴。

2. 加大对村镇基础设施项目的投资

道路、水、电等基础设施是制约传统风貌村镇生存发展的关键因素。因此，各级政府要加大对村镇基础设施项目的投入，只有打通道路、改善基本的人居环境条件，村民才愿意留下来，村镇也才有可能继续生存和发展。

3. 在遵循相关规定的前提下，鼓励社会资金的加入

传统风貌村镇的保护和发展工作面临的是复杂的综合性问题，单凭政府的资金投入十分有限，难以实现其有序更新和发展。因此，要鼓励社会各界，包括团体和个人，加入到传统风貌村镇的保护和发展事业中来。当然，为保证传统文化的有效保护，社会资金的引入要在遵循《传统风貌村镇保护管理办法》的前提下进行。

5.3 保护发展建议

本章节从梳理我国目前有关传统村镇的保护理念出发，分析不同保护发展理念对村镇传统文化遗产资源保护的利弊，以及不同理念为村镇的产业发展和原住居民生活带来的不同影响。在此基础上，为昆明市传统风貌村镇的保护发展提出建议，并针对两座古村提出具体的发展思路指引。

5.3.1　我国目前传统村镇的保护（与发展）理念

1.“博物馆”式的保护理念

（1）理念释义

这种保护理念最初脱胎于文物保护和展示的理念，故与其具体做法相近。即严格保护构成村落传统风貌的物质遗产，并将其整体当成一座完整的“博物馆”进行保护和展示。具体保护的对象包括村落的传统格局和风貌、历史片区和街巷、文物保护单位和不可移动文物、历史建筑和传统民居，以及古树、古井等历史环境要素等物质遗产。有关村落是否能够活态传承，以及原住居民的生活是否得以改善则不属于“博物馆”式保护关注的范畴。因此，目前我国很多传统风貌村镇（大多为保存非常完整的历史文化名镇、名村）都或主动、或被动地采用了“博物馆”式的保护理念。主动是指由于村镇人居生活环境较差，各种设施不齐全，村民主动搬离原来的生活生产空间，被遗弃和闲置的建筑群落作为“博物馆”整体被保护和展示；被动是指由于某种背景或原因原住居民全部搬出，村民被迫切断与传统生活生产空间的联系，其原来居住的优秀民居建筑被整体作为“博物馆”，供人参观展示。目前，有关“博物馆”式保护的理念存在很大争议，尤其是打着保护的名义，实际则出于商业目的而牵走原住居民的行为，不但忽视了村镇传统文化的活态传承，更让村落保护的价值和意义大打折扣。

（2）代表案例

山西晋城的西文兴村是被动执行“博物馆”式保护的传统风貌村落典型案例。西文兴村地处历山自然风景区腹地，是一个柳氏家族的血缘村落。文献记载，西文兴柳氏原籍河东，与唐代大文学家柳宗元同宗，明永乐初年开始在此定居，距今已有五百多年历史，完整保留了明清两代修建的寺庙、祠堂、楼阁、牌坊以及多处完整的民居院落等丰富的古建筑类型。西文兴村古建筑群已被评为全国重点文物保护单位、国家AAAA级旅游景区，而柳氏家族的人生礼俗也已经入选国家级非物质文化遗产名录。2002年，由社会个人出资成立的“柳氏民居实业有限开发有限公司”正式与沁水县政府签订了保护、经营、使用柳氏民居50年的合同。由于采用了“博物馆”式的保护展示理念，当地政府组织建设了新村，将老屋产权收归政府所有，村民完成了彻底搬迁。目前的西文兴村已没有村民居住，原本鲜活的古村已成为一座“建筑博物馆”。虽然目前西文兴村每年吸引大量游客前来旅游参观，但延续千年的古村文化再也无法流传。

▲ 图5-1　西文兴村村民搬迁之前世代行医的柳氏族人柳茂江（图片来源：《西文兴村》）

▲ 图5-2　西文兴村村民搬迁之前村里活泼可爱的孩子（图片来源：《西文兴村》）

▲ 图5-3　搬迁之前的“司马第”第一进院（图转来源：《西文兴村》）

▲ 图5-4　搬迁之后的“司马第”第一进院（2011年摄）

▲ 图5-5　搬迁之前文昌阁门洞里的童年身影（图片来源：《西文兴村》）

▲ 图5-6　搬迁之后文昌阁空空的门洞（2011年摄）

2.“生态博物馆”的保护理念

（1）理念释义

生态博物馆的概念最早于1971年由法国人弗朗索瓦·于贝尔和乔治·亨利·里维埃提出。其“生态”的含义既包括自然生态，也包括人文生态，是一种以村寨社区为单位，没有围墙的“活体博物馆”。它借用了生态学科之“生态概念”，强调保护和保存文化遗产的真实性、完整性和原生性，可以看作是一个正在生活着的社会的活标本。在此种理念的引导下，传统村镇要注重对传统建筑和周边自然环境“原真性”的延续，严格限制开发强度。对传统建筑既不要求恢复原貌，也不允许改造。作为遗产保护内容的一部分，沿袭村民原来的生产生活方式。

目前，全世界的生态博物馆已发展到300多座，1995年中国和挪威两国政府联合在贵州省六枝特区梭嘎乡建立中国乃至亚洲第一个生态博物馆，即梭嘎苗族生态博物馆。目前，中国已有16个生态博物馆，分布在贵州、广西、云南和内蒙古四个少数民族聚集的省和自治区内。其中，贵州省四个，包括：梭嘎苗族生态博物馆、镇山布依族生态博物馆、隆里古城汉族生态博物馆、堂安侗族生态博物馆；广西壮族自治区十个，包括：南丹里湖白裤瑶生态博物馆、三江侗族生态博物馆、靖西旧州壮族生态博物馆、贺州客家围屋生态博物馆、长岗岭商道古村生态博物馆、融水安太苗族生态博物馆、那坡达文黑衣壮生态博物馆、金秀坳瑶生态博物馆、龙胜龙脊壮族生态博物馆、东兴京族生态博物馆；还有云南省西双版纳布朗族生态博物馆，以及内蒙古敖伦苏木蒙古族生态博物馆。

（2）代表案例

贵州省贵阳市的镇山村是中国与挪威文化部门合作建设的生态博物馆之一（1995年）。这座村寨位于贵阳花溪风景区和天河潭风景点之间的花溪水库中段，坐落在三面环水的半岛之上，四周景色秀丽，是一座以布依族为主民族杂居的自然村寨。村落分上下两寨，下寨是1958年修花溪水库时搬迁而来的，上寨则是始建于明代万历年间的古屯堡区，距今已有四百多年历史。在明代移民屯兵的大背景下，李姓先祖来到这里，与布依族班氏女子联姻繁衍至今。村内尚存有古代屯墙、庙宇，以及大量富有地方和民族特色的合院式民居建筑群，由于建在山地，民居聚落鳞次栉比，有石砌巷道相联系。在“生态博物馆”的保护理念引导下，村落建设了一座“生态博物馆”建筑，展示村落文化。已经破坏的局部，并未进行刻意的风貌整治和恢复，严格保护着古军堡的格局以及民居建筑的风貌，原住村民基本延续着传统的生产生活方式。但近年来，随着参观旅游人数的增加，也有部分村民开始从事住宿接待的服务产业，建设秩序遭到一定程度的破坏。

▲ 图5-7　进入镇山村的门洞（图片来源：贵阳市旅游信息服务平台）

▲ 图5-8　镇山村的石板瓦民居（图片来源：贵阳市旅游信息服务平台）

▲ 图5-9　没有刻意统一修缮的古街巷（图片来源：贵阳市旅游信息服务平台）

◀图5-10　镇山村明代以来建设的古堡建筑（图片来源：贵阳市旅游信息服务平台）

3. “风貌统和”的保护与发展理念

（1）理念释义

“风貌统和”是我国目前在历史文化镇村及传统风貌村镇保护工作中采用最多的保护理念。具体可以解释为从外观角度要求建筑的风貌达成统一和谐的效果。在这种理念指导下，很多具体做法是直接复制或模仿周围建筑的风格和工艺，最终达成风貌统一的效果。在很多历史文化名镇中，此种理念最极端的表现为“立面主义”，即仅对临街的立面进行风貌的整治和改造，而忽略整座建筑本身的结构和使用功能等问题。从对观看者传达知识和信息的角度而言，“风貌统和”的理念存在一定问题，即模糊了真实和虚假历史之间的界限，使人在歪曲的文脉中欣赏并不真实的“赝品”。

（2）代表案例

四川成都平乐镇自古便成为“茶马古道第一镇、南丝绸之路的第一驿站”，曾为火井县治所在地，是古代重要的水陆要道和经商口岸。古镇共有老街33条，明清建筑20余万平方米，鳞次栉比，其规模之大居西蜀之冠。古镇沿街的商业建筑均为两层，木制穿斗结构，上宅下店，形成了有别于其他川西古镇的民居建筑样式和街区风格。近年来，平乐古镇旅游产业发展十分迅速，传统街巷和建筑承载能力有限，因此新增了大量商业、服务业建筑，为形成风貌统一的古镇形象，新建建筑或完全复制传统建筑，或模仿其立面风格进行建设，普通参观者基本无法辨识新旧街巷与建筑之间的差别。

▲ 图5-11　平乐镇传统街道（图片来源：平乐古镇官网）

▲ 图5-12　平乐镇传统建筑集中的片区（图片来源：平乐古镇官网）

▲ 图5-13　平乐镇传统商业街巷（图片来源：平乐古镇官网）

▲ 图5-14　平乐镇传统临街商业建筑（图片来源：平乐古镇官网）

▲图5-15　平乐镇新建商业建筑（图片来源：平乐古镇官网）

▲图5-16　平乐镇新建商业街区夜景（图片来源：平乐古镇官网）

4. “文脉延续”的保护与发展理念

（1）概念释义

文脉（Context）一词，最早源于语言学范畴。从其字面理解是指介于各种元素之间的对话与内在联系，指局部与整体之间对话的内在联系。在古代中国的风水学说中，“文脉”为龙脉的一种，是负员之魂，属文曲昌兴之象。在现代建筑学科领域，“文脉主义”源起于20世纪50年代的西方社会，又称作“后现代主义”，并没有严格的定义，作为对现代主义的批评和反思的产物，宣扬城市、场所和建筑之间的“调和性”、通俗性及多元性。在城市的传统街区以及传统村镇保护的领域，“文脉延续”的理念可以理解为将历史形成的街道、胡同、牌坊、宗教圣地、民居等种种片段式的空间形态看作一个体系，通过研究和修复这一体系内部以及其与周边环境之间的相互关系，重新续接成完整连贯且内容丰富的空间体验。在这一理念的引导下，传统风貌村镇的保护，既不复制古建筑，也不与传统彻底决裂，而是强调各时代之间的连续性。具体而言，原真性的保护方式与多元化的当代设计并存，是古今思想和文化的交融地，因此，“文脉延续”传统村镇最具有活力，是“以宝贵的遗产为背景并逐步改良的世界，人们在这个世界能追随历史的痕迹而留下个人的印记”（凯文·林奇）。当然，“文脉延续”的保护理念也存在一定的问题，比如因研究设计水平有限或管理的实效，最终导致“文脉丢失”的冲突结果。

（2）代表案例

浙江杭州法云古村位于灵隐景区中，介于天竺三寺与灵隐寺之间，是上香古道的必经之路。古村落始建于唐朝，为杭州历史上最早的居民聚居区之一,一直是附近茶农居住的传统村落。古村规模较小，占地面积14公顷，有47组土木结构的民居院落，是西湖传统山地民居建筑的代表。2010年，阿曼集团[全球顶级的小型精品（Boutique）度假村集团之一]将古村的传统民居进行了收购，并结合“文脉延续”的设计理念，将古村落改造为顶级的度假村酒店。在场地环境设计层面，对古村落的文化脉络和景观进行了修复性整治；传统民居改造层面，在保持民居建筑体量和韵致的前提下，采用石块、黄土、秸秆、竹材、棕片等天然材料，对民居建筑和室内进行了修缮改造和功能的提升设计，处处体现出素雅和细腻的质感。

5.3.2　不同保护（与发展）理念之间的比较分析

1. 不同保护（与发展）理念的综合对比分析

◆ 表5-1

理念名称	基本特征	优点	弊端
“博物馆”式的保护理念	脱胎于文物保护和展示的理念。将村镇物质遗产当成一座完整的“博物馆”进行保护和展示	最大限度地保护了某一村镇物质形态的文化遗产	对寄存于物质空间里的传统文化造成了毁灭性的破坏
“生态博物馆”的保护理念	强调原真、活态地保护历史及当前形成的一切物质和非物质文化遗产，具有社会活态标本的意义	完整、真实地“封存”了历史至特定时期内，某一村镇的全部文化遗产	限定了村镇发展的可能性，对原住居民的生活改善需求未作考虑
“风貌统和”的保护与发展理念	为了风貌统一的效果直接复制或模仿传统建筑的外观和建造工艺，最极端表现为“立面主义”	可以最大程度将村镇整体风貌保持在（或恢复）到某一特定历史时期，且完整而统一	复制的街巷和房屋会传达出混淆的历史信息，让观者失去判断
“文脉延续”的保护与发展理念	原真保护与现代设计并存，是多种文化和思想的交融地，兼容并蓄，具有更多的创造性和活力	多元的保护方式让传统村镇更具有活力，观者可以发现和判断不同历史时期的痕迹	可能因设计水平有限或管理的实效，导致“文脉丢失”的风貌冲突

2. 不同保护（与发展）理念对村镇产业发展带来的影响

◆ 表5-2

理念名称	可能引入的产业	相关人员（团体）
“博物馆”式的保护理念	旅游观光产业 影视基地产业 写生基地产业	观光客 影视剧组 学校师生
“生态博物馆”的保护理念	旅游观光产业 影视基地产业 写生基地产业	观光客 影视剧组 学校师生
“风貌统和”的保护与发展理念	旅游观光产业 度假休闲产业 影视基地产业 写生基地产业	观光客 长期居住者 影视剧组 学校师生
“文脉延续”的保护与发展理念	旅游观光产业 度假休闲产业 影视基地产业 写生基地产业 文化创意产业 高端商务产业 养生养老产业	观光客 长期居住者 影视剧组 学校师生 文化创意公司团体及产业相关的从业、服务人群 企业精英人士及产业相关的从业服务人群 养生、养老群体及产业相关的医疗服务等从业人群

3. 不同保护（与发展）理念对原住居民生活带来的影响

◆ 表5-3

理念名称	精神文化	人居环境	居住环境
“博物馆”式的保护理念	原住居民全部迁出，到新村或城里居住生活。生活质量得到提升，但传统的精神文化生活遭到破坏		
“生态博物馆”的保护理念	传统的精神文化生活得到全面而真实的传承	原真、活态地保护村落环境及相关设施，不破坏，同时也不提倡改善	作为人类社会标本，所有建筑要保持现状，包括建筑的外观及内部状态
“风貌统和”的保护与发展理念	在过于强调形式统一的背景下，传统的精神文化生活可能作为形式化的符号存在	在不破坏历史环境和风貌的前提下，允许加入现代的公共设施	按传统风貌统一所有建筑外观，有必要时则大量复制具有传统风貌的新建筑；建筑内部的物理条件及使用功允许改善提升

续表

理念名称	精神文化	人居环境	居住环境
“文脉延续”的保护与发展理念	传统的精神文化生活与现代多元的文化相融合，相互渗透和发展	在“文脉”延续（不一定风貌统一）的前提下，可以全面改善村镇的人居生活环境	在“文脉”延续的前提下，可以允许更多元的设计思想对居住建筑进行功能改善和提升

5.3.3 昆明市传统风貌村镇保护与发展总体建议

建议一：依据自身情况，选择适合的保护与发展理念与模式。

建议参考本次传统风貌村镇调研行程价值评估的结果，对全市域内的传统风貌村镇提出不同的保护发展理念。其中，综合价值评估很高的村镇是昆明市历史文化的宝贵资源，要以保护村镇物质和非物质文化遗产作为发展的前提条件，可以申请加入各级保护名录，积极争取国家和各级政府专项资金，对村落人居环境和建筑进行保护整治。综合价值评估结果较高或中等的传统风貌村镇，可以采取更为灵活的保护发展理念，调动政府、管理者、村镇原住居民、社会企业和更多元的社会组织参与到村落的保护与发展工作中，增强村镇自我保护和发展的活力。

建议二：解决基本问题，调动原住居民积极参与保护与发展事业。

相较全国其他省市而言，昆明市域内传统风貌村镇的发展步伐较为缓慢，也因此有更多村镇较为完整地保留了传统风貌和民族文化资源。但这些村镇大多地处偏远，交通不便，村镇内基础设施极不完善。很多传统风貌村镇面临空心化、老龄化的问题，整村人口搬迁，抛弃旧村的情况并不少见。因此，针对尚有大量原住居民的传统风貌村镇，前提是要积极主动采取各种方法，解决交通、水电、垃圾回收等关乎人居环境的基本问题，先要让原住民热爱自己的村镇，愿意在这里居住生活，才能吸引社会各界有兴趣、有信心投入村镇的保护与发展事业。

建议三：拓展保护发展思路，避免临近区域的趋同发展。

从市域总体分析，传统风貌村镇有着丰富的资源类型，可以实现区域间错位发展的模式。但缩小到具体区县的范围，大量传统风貌村镇有着近似的价值特征，因此，区县范围内传统风貌村镇如何避免趋同模式是整体保护发展规划工作的难题。建议同一或临近区县统筹考虑，通过分析考量区位交通、传统资源的价值特色、民族文化等多重因素，规划村镇的主导产业，并拓展更多的保护发展思路，让传统资源相近的村镇各有侧重，但总体丰富，形成共生互补的发展模式。

建议四：规定保护管理权责，吸纳多方资金投入，保护传统资源。

昆明市传统风貌村镇基本都位于地处偏远的穷困乡镇，其保护发展工作的开展不可能完全依靠政府，应更多鼓励社会资金的投入。社会资金的类型有很多种，有完全公益性质的资金，也有商业目的的资金。对于后者，根据我国其他地区的类似经验，需要提前制定相应政策和规定，既能达到吸引社会资金投入的目的，保证投资者利益，又要保护村镇的传统资源和原住居民的历史，不能为短时效益，破坏传统风貌村镇的可持续发展。

建议五：汇集多元文化思想，鼓励灵活多样的方式方法。

对于评估价值较好或中等的传统风貌村镇，可以邀请各界团体和人士参与村镇的保护与发展工作，允许在保持村落基本悠久历史文脉的前提下，通过灵活多样的方式方法，将传统的街巷、建筑改造为文化多元的商业经营空间，如度假酒店、商品经营或文化创意空间。同时也要注意村镇非物质层面的文化遗产，满足不同社会群体到此旅游参观或度假休闲。

5.3.4　不同级别传统风貌村镇的保护与发展策略

调查中的一级传统风貌村镇，是重点保护对象，应以保护为主，结合发展促进保护。部分已经获得国家传统村落、省级历史文化名镇名村称号的村镇，应结合国家政策再接再厉，同其他一级传统风貌村镇一起申报历史文化名镇名村、传统村落、特色旅游村镇、少数民族特色村寨示范点等国家及省市级称号，提高村镇知名度，对村镇进行整体保护，同时积极寻求适合的发展模式，实现动态保护。对于调查中的二级传统风貌村镇，可以结合《昆明市历史文化名城保护规划》、《昆明旅游业“十二五”发展规划》等上位规划，将各级村镇放到旅游体系中发展，实施整体发展，内部点状保护的策略。

1. 一级传统风貌村镇的保护发展策略

本次调查认定的一级传统风貌村镇，除了要加强传统保护，投入人力、物力、财力等外来资源外（即“输血”的保护救助模式），还要调动村落自身积极发展和传承传统文化的积极性，寻求最适合的保护发展方式，顺应社会和经济的发展趋势，在保护中创造增值空间，从而反哺长久的保护事业，达到自我更新的目的（即“造血”的自我更新过程）。

由于昆明市域传统风貌村镇分布较广，资源特色差异较大，因此，若期望沿用某种既定的“保护模式”以一劳永逸地解决不同类型的传统风貌村镇的保护发展问题并不实际。比较贴近现实的保护发展思路是将一级传统风貌村镇按不同特色进行归类，因地制宜，分类选取合适的保护发展方式。以下两种分类并不能全面囊括此次调研中一级传统风貌村镇的全部类型，只是希望起到抛砖引玉、发散思维的作用。

对于调查中具有区位交通和文化资源双重优势的一级传统风貌村镇，宜采用综合发展利用与特色加强的保护发展策略。此种村镇可综合利用其优势资源，重点加大在特色文化建立上的人力、物力、财力上的投入，积极做好对传统文化梳理、挖掘、继承、发扬的工作。一方面，可以通过修缮、维护村镇内历史街区、传统风貌建筑及历史文化要素等物质文化，继承和发扬传统民俗、民风、生活习惯等非物质文化，营造加强整体文化氛围；另一方面，可通过部分民居的功能提升，改变原有建筑的用途，积极开展文化体验、民俗展示等活动，实现传统文化的价值转化。如特色餐饮、旅游住宿、休闲度假、农家乐等形式的植入，或发展文化创意产业，如专题市场、民族艺术画廊等服务周边区域的功能空间，实现空间再利用的增值，也可以从而实现经济发展和历史保护的良性循环。

对于调查中具有较好的文化资源但交通不便的一级传统风貌村镇，宜采用外部环境改造与发展带动的策略。此类村镇通常经济发展较为落后，“空心化”现象较为严重，但村内整体风貌、民俗民风等文化资源因上述原因保护情况较好。

实际上在区位交通的约束下，通过孤立的传统风貌村镇的特色形态与有限的资源环境的营造来发展，往往不大可能取得较好的效果。这与此类传统风貌村镇的发展机制单一、区域交通不便以及得不到大区域资源的支持有关。而就目前情况而言，昆明市域中发展情况较好的村镇几乎都得到了外部大区旅游资源的支持，或在区域旅游游览线上，或与其他特色旅游产品相互补充，构成特色旅游景点或补充景点。因此，区位条件一般，但有较好文化资源的传统风貌村镇，其保护方向是改善交通条件、基础设施，提高居民生活水平后，再利用自身优势资源发展。如依托资源，与高校、国有大中型企业联合进行发展。如东川区的箐口村，虽交通条件一般，但村内自然景观和石板房的建筑形式保存较好，在改善交通、基础设施的基础上，可与各高校联合，依托高校建立生态写生基地等教育基地，以此为基础，提高箐口村的社会认知度和发展进度。

2. 二级传统风貌村镇的保护发展策略

此次调查认定的二级传统风貌村镇，宜结合《昆明市总体规划》、《昆明市历史文化名城保护规划》、《昆明旅游业“十二五”发展规划》等上位规划，将各级村镇放到建设、旅游体系中实施整体发展，内部点状保护策略。这些村镇正在或已经进行新农村建设，保留了部分传统风貌建筑或仅保留个别较有价值的传统风貌建筑，若将其进行功能再造和特色植入，吸引投资或外来人群，利用城市或风景区的辐射机会与创新潜力，充分发挥优势，在保护原住民的基础上，引入社会资金，采用灵活运营方式，将村镇的生活居住功能与城市、景区服务的生产及消费场所相结合，如特色茶产业种植、加工、销售，鲜花种植、经营、深加工等，还可植入此类过程的体验活动，在提升其再利用的价值与丰富村镇功能的同时，实现对传统风貌村镇的积极保护。同时，保留的部分或个别的传统风貌建筑，可结合村镇发展加以保护，形成特色文化区或点，提升其镇村的整体文化氛围。

5.3.5 对两座具体村落的保护与发展建议

1. 宜良县竹山乡徐家渡村保护发展建议

1）村落价值特征分析

徐家渡村建于临江河谷，滇越铁路穿村而过，徐家渡村民居以清代为主，且多为坐东朝西四合院式“一颗印”典型民居。大部分民居建筑除部分屋面及梁架腐朽外，均保持原貌，门窗、栏杆、吊柱等木作构建雕饰细腻精美并保存较好，具有较高的艺术价值。另外，在老街两侧还有部分清代和民国时期的商业铺面保存较好。

2）基本发展条件分析

（1）自然环境好、交通差

徐家渡村处于宜良县南部山区，交通极为不便。村落周围无污染工业，历年来无地质灾害，自然山水环境优越，群山环抱，气候宜人，森林覆盖率达到80%，空气清新。

（2）村落“空巢化”严重

由于大多数村民搬至新区，现在的徐家渡村人烟稀少，空置房屋较多，无人修缮与管理。

3）保护发展方式建议

（1）保护发展的前提

首先要改善徐家渡村的交通状况，可以通过政府财政补贴或社会融资等方式，实现徐家渡村与外界的联系；其次要改善水、电等基础设施，以及相关公共服务设施。

（2）产业发展规划

可以依托自身水路、铁路优势，同时结合周边优美的自然风光，开发水上及铁路观光游

▲ 图5-17　宜良县竹山镇徐家渡村（组图）

览项目，以及利用古水运码头和小铁路发展影视基地产业等（注：滇越铁路为窄轨铁路，比较有特征，目前仅有货运，如增加观光客运功能，需与政府及铁路部门进行协商）。村落还可以继续发展原有种植产业和民族手工业，丰富旅游产业链条。

（3）民居改善利用

可以借鉴“北京小园”、“杭州法云古村”的改善方式，在保持传统风貌的同时，提升老房子的功能和品质。

2. 禄劝彝族苗族自治县转龙镇小新村保护发展建议

1）村落价值特征分析

小新村地理位置优越，位于“滇中第一山”轿子山脚下。由于新旧区分开建设，旧区部分传统风貌较为完整。村内历史文化资源丰富，有蒋家大院、观音阁、三圣宫等古迹，村落中还有原通往省城的古驿道，此外，村内保留了大量“一颗印”形式的传统民居院落。其中，蒋家大院为蒋昌海1941年设计筹建的家居院落，蒋家大院堪称转龙民居之冠。其建筑面积为5465.5平方米，有大小房间80间，建筑细部的镂空雕花与柱廊檐窗做工精细。现为转龙国土资源所、社会保障事务所等机构的办公用地。2001年被评为县级文物保护单位。

2）基本发展条件分析

（1）小新村在轿子雪山经济开发区内，随着开发区经济发展的带动，具有较好的发展基础。

（2）随着轿子雪山旅游专线公路的建成，昆明到小新村、小新村到风景区的交通都十分便利，具有较强的交通优势。

（3）小新村新旧两区明显，旧区内保留成片的“一颗印”形式合院建筑，且都无人居住，再加上多处保存较好的文物古迹，具有良好的物质、文化基础。

3）保护发展建议

（1）产业发展规划

可以考虑采用“村民分散经营民居客栈”的模式，将小新村定位为承担轿子雪山风景区旅游接待服务功能的特色村落。将旧区集中成片的传统风貌建筑整合利用，改善居住环境，将空置传统民居改造成民居客栈，结合蒋家大院、观音阁、三圣宫等古迹，深挖小新村的历史文化，建立轿子雪山风景旅游线路上的特色村落。此外，可以提高目前特色食品（如：小米糖、麦芽糖）的精细加工，增加产业链条，提高经济活力。

（2）民居改善利用

可以借鉴“北京小园”、“杭州法云古村”的改善方式，在保持传统风貌的同时，提升旧民居的功能和居住品质。